JN206781

入門

算数からはじめる 電気数学

平出治久 著
Haruhisa Hiraide

SE
SHOEISHA

本書内容に関するお問い合わせについて

このたびは翔泳社の書籍をお買い上げいただき，誠にありがとうございます。弊社では，読者の皆様からのお問い合わせに適切に対応させていただくため，以下のガイドラインへのご協力をお願い致しております。下記項目をお読みいただき，手順に従ってお問い合わせください。

01 ご質問される前に

弊社Webサイトの「正誤表」をご参照ください。これまでに判明した正誤や追加情報を掲載しています。

正誤表 https://www.shoeisha.co.jp/book/errata/

02 ご質問方法

インターネット

弊社Webサイトの「刊行物Q&A」をご利用ください。

郵送・FAX

"翔泳社 愛読者サービスセンター"までお問い合わせください。

電話でのご質問は，お受けしておりません。

刊行物Q&A https://www.shoeisha.co.jp/book/qa/

郵便物送付先 〒160-0006 東京都新宿区舟町5 (株)翔泳社 愛読者サービスセンター

FAX送信先 03-5362-3818 (株)翔泳社 愛読者サービスセンター

03 回答について

回答は，ご質問いただいた手段によってご返事申し上げます。ご質問の内容によっては，回答に数日ないしはそれ以上の期間を要する場合があります。

●ご質問に際してのご注意

本書の対象を越えるもの，記述個所を特定されないもの，また読者固有の環境に起因するご質問等にはお答えできませんので，予めご了承ください。

※ 本書に記載されたURL等は予告なく変更される場合があります。

※ 本書の出版にあたっては正確な記述につとめましたが，著者や出版社などのいずれも，本書の内容に対してなんらかの保証をするものではなく，内容やサンプルに基づくいかなる運用結果に関してもいっさいの責任を負いません。

※ 本書に掲載されているサンプルプログラムやスクリプト，および実行結果を記した画面イメージなどは，特定の設定に基づいた環境にて再現される一例です。

はじめに

電気を勉強するためには，電気数学を避けて通ることはできません。電気数学は，小学校の算数から高校の数学まで，非常に多くのことを理解する必要があります。

私は工業高校で電気の授業を担当していますが，電気数学がわからないために電気が理解できない生徒がたくさんいることを目の当たりにしてきました。そのため，「電気数学をどのように教えたらよいか」ということは，いつでも最大の課題です。

これを解決するためには，次のことが重要になります。

①電気数学は積み重ねと理解する順番が大切になります。言い方を変えると，途中でわからない箇所や忘れている箇所があると理解が難しくなります。その要因の第一が，計算のしかたが理解できないこと。まずは計算の基礎を徹底的に身につけることが重要です。

②電気では多くの公式を用いますが，ただ暗記するだけでは正しく使うことはできません。その公式が何を意味しているのかを理解すること，また公式を変形して使えるようになる計算力が必要です。

③交流の内容になると，わからなくなる人が急に増えます。その理由は，三角関数の理解が不十分であるためです。電気数学の入門編をクリアするためには，三角関数を基本からきちんと理解することがポイントになります。

④電気数学は，間違いやすいところがわかると理解が深まります。このような箇所は，数の計算や文字式の計算，三角関数，ベクトルなどそれぞれのテーマごとにあります。また，「どこでわからなくなるか」「何につまずくのか」ということには傾向があります。これらを知っておくことも大切です。

本書では，以上の４つのことが自然に実践できるように，学習の順番やテーマごとの構成のしかた，解説方法などに工夫を凝らしました。

本書が，電気数学をはじめて勉強する人，途中でわからなくなって復習し直す人，数年ぶりに再挑戦する人など，電気数学の基礎を身につけたい人たちの力となることを心より願っています。

2019年5月　**平出 治久**

directions

本書の使い方

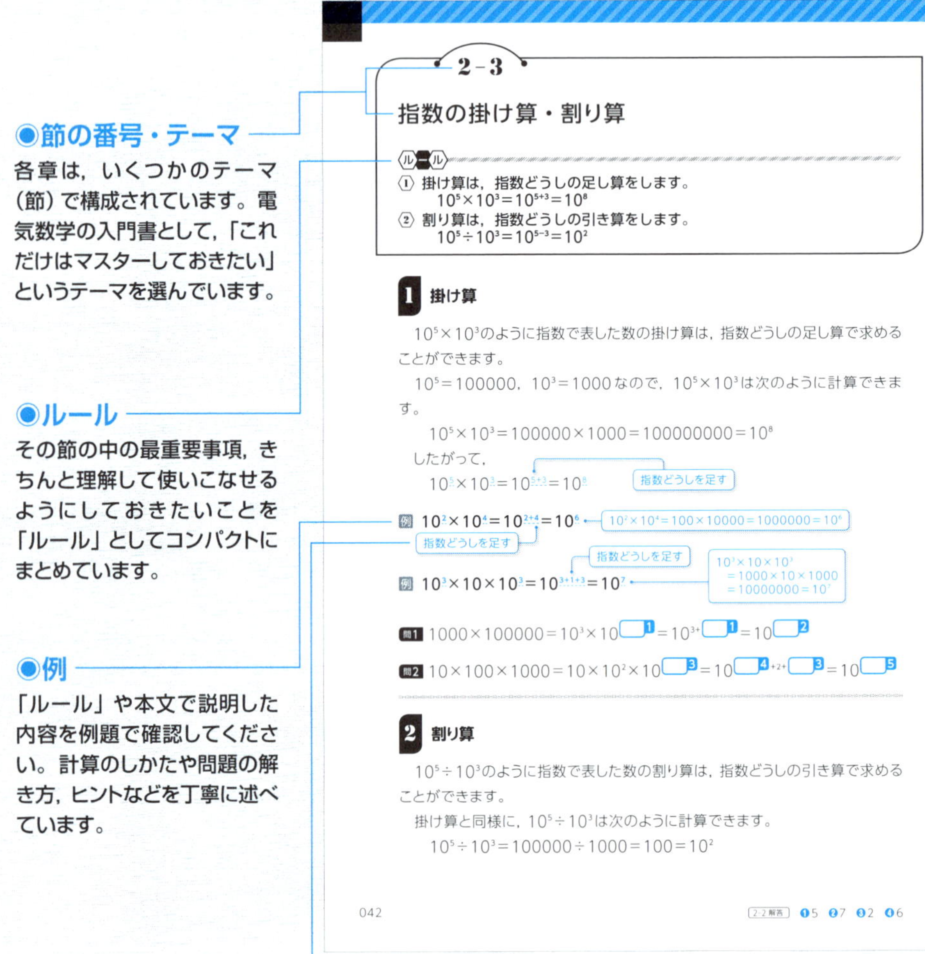

2-3

指数の掛け算・割り算

ルール

① 掛け算は，指数どうしの足し算をします。
$10^5 \times 10^3 = 10^{5+3} = 10^8$

② 割り算は，指数どうしの引き算をします。
$10^5 \div 10^3 = 10^{5-3} = 10^2$

1 掛け算

$10^5 \times 10^3$のように指数で表した数の掛け算は，指数どうしの足し算で求めることができます。

$10^5 = 100000$，$10^3 = 1000$なので，$10^5 \times 10^3$は次のように計算できます。

$10^5 \times 10^3 = 100000 \times 1000 = 100000000 = 10^8$

したがって，

$10^5 \times 10^3 = 10^{5+3} = 10^8$ 指数どうしを足す

例 $10^2 \times 10^4 = 10^{2+4} = 10^6$ 指数どうしを足す（$10^2 \times 10^4 = 100 \times 10000 = 1000000 = 10^6$）

例 $10^3 \times 10 \times 10^3 = 10^{3+1+3} = 10^7$ 指数どうしを足す（$10^3 \times 10 \times 10^3 = 1000 \times 10 \times 1000 = 10000000 = 10^7$）

問1 $1000 \times 100000 = 10^3 \times 10^{\boxed{1}} = 10^{3+\boxed{1}} = 10^{\boxed{2}}$

問2 $10 \times 100 \times 1000 = 10 \times 10^2 \times 10^{\boxed{3}} = 10^{\boxed{4}+2+\boxed{3}} = 10^{\boxed{5}}$

2 割り算

$10^5 \div 10^3$のように指数で表した数の割り算は，指数どうしの引き算で求めることができます。

掛け算と同様に，$10^5 \div 10^3$は次のように計算できます。

$10^5 \div 10^3 = 100000 \div 1000 = 100 = 10^2$

042　2-2 解答 ❶5 ❷7 ❸2 ❹6

◉節の番号・テーマ

各章は，いくつかのテーマ（節）で構成されています。電気数学の入門書として，「これだけはマスターしておきたい」というテーマを選んでいます。

◉ルール

その節の中の最重要事項，きちんと理解して使いこなせるようにしておきたいことを「ルール」としてコンパクトにまとめています。

◉例

「ルール」や本文で説明した内容を例題で確認してください。計算のしかたや問題の解き方，ヒントなどを丁寧に述べています。

◉ふきだし

「どうしてそうなるのか」をわかりやすく説明したり，解答の指針，注意したほうがいい点などについて細かくコメントしています。この部分が問題を解くためのポイントになっています。

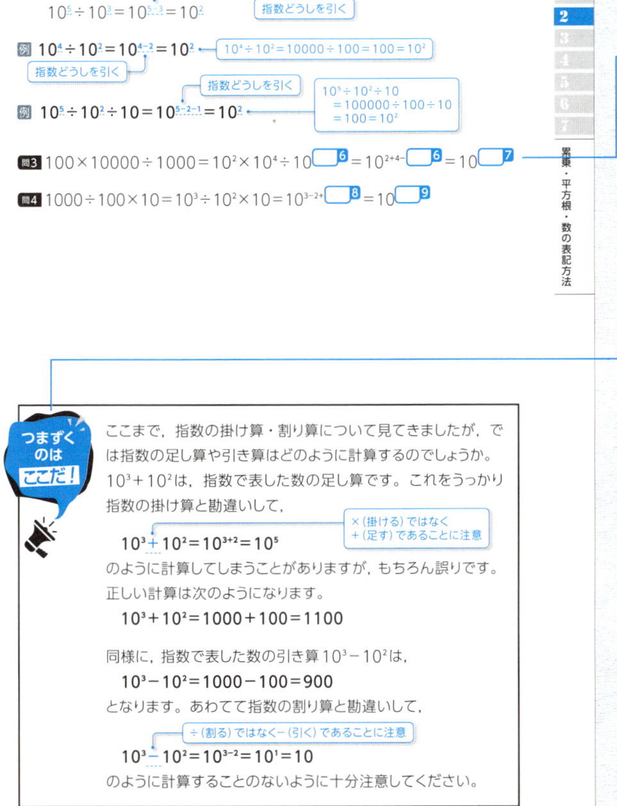

したがって，

$10^5 \div 10^3 = 10^{5-3} = 10^2$　指数どうしを引く

例 $10^4 \div 10^2 = 10^{4-2} = 10^2$　指数どうしを引く　$10^4 \div 10^2 = 10000 \div 100 = 100 = 10^2$

例 $10^5 \div 10^2 \div 10 = 10^{5-2-1} = 10^2$　指数どうしを引く　$10^5 \div 10^2 \div 10 = 100000 \div 100 \div 10 = 100 = 10^2$

問3 $100 \times 10000 \div 1000 = 10^2 \times 10^4 \div 10^{[6]} = 10^{2+4-[6]} = 10^{[7]}$

問4 $1000 \div 100 \times 10 = 10^3 \div 10^2 \times 10 = 10^{3-2+[8]} = 10^{[9]}$

1 2 3 4 5 6 7 累乗・平方根・数の表記方法

つまずくのはここだ！

ここまで，指数の掛け算・割り算について見てきましたが，では指数の足し算や引き算はどのように計算するのでしょうか。

$10^3 + 10^2$は，指数で表した数の足し算です。これをうっかり指数の掛け算と勘違いして，

$10^3 + 10^2 = 10^{3+2} = 10^5$　×（掛ける）ではなく＋（足す）であることに注意

のように計算してしまうことがありますが，もちろん誤りです。正しい計算は次のようになります。

$10^3 + 10^2 = 1000 + 100 = 1100$

同様に，指数で表した数の引き算$10^3 - 10^2$は，

$10^3 - 10^2 = 1000 - 100 = 900$

となります。あわてて指数の割り算と勘違いして，

$10^3 - 10^2 = 10^{3-2} = 10^1 = 10$　÷（割る）ではなく－（引く）であることに注意

のように計算することのないように十分注意してください。

2-3 解答 ❶5 ❷8 ❸3 ❹1 ❺6　043

◉問

学んだことをすぐに実践で活かせるように，穴埋め問題を用意しています。解答欄には整数用・分数用・指数用があり，解答のヒントになっています。

◉つまずくのはここだ！

うっかりミスしてしまいそうなことや，よくある勘違い，間違いやすい部分などを「つまずき」としてまとめています。正しい知識を身につけるために役立つ内容なので，ぜひ参考にしてください。

◉問の解答

「問」の答えは，問題が掲載されているページの次のページの下部にあります。章の最終ページの問の解答については，コラムの下に載せています。

目次

CHAPTER 1

第1章

011 数と計算の基本

CHAPTER 2

第2章

039 累乗・平方根・数の表記方法

CHAPTER 3

第3章

061 文字式の計算

CHAPTER 4

第4章 分数式の計算と式の変形

CHAPTER 5

第5章

105 **割合・比・比例・反比例**

CHAPTER 6

第6章

121 **三角関数**

CHAPTER 7

147

第7章 ベクトル

CHAPTER

1

数と計算の基本

第1章の内容

数には，小学校で勉強した整数（正の整数），小数，分数や中学校で勉強した負の数，無理数があります。
また，計算には足し算・引き算・掛け算・割り算があります。
第1章では，計算の基本となる正の数・負の数，小数，分数について取り上げます。

1-1

正の数・負の数の足し算

ルール

⟨1⟩ （正の数）＋（正の数）＝（正の数）
⟨2⟩ （負の数）＋（負の数）＝（負の数）
⟨3⟩ （正の数）＋（負の数）＝（正の数）または（負の数）
⟨4⟩ （負の数）＋（正の数）＝（正の数）または（負の数）

1 （正の数）＋（正の数）＝（正の数）

例 5＋3＝8 ← 正の数どうしを足した答えは，正の数

例 10＋4＝14 ← 正の数どうしを足した答えは，正の数

問1 15＋13＝［ 1 ］　　問2 25＋56＝［ 2 ］

2 （負の数）＋（負の数）＝（負の数）

例 (−5)＋(−3)＝−8 ← 負の数どうしを足した答えは，負の数

例 (−10)＋(−4)＝−14 ← 負の数どうしを足した答えは，負の数

問3 (−15)＋(−13)＝［ 3 ］

問4 (−25)＋(−56)＝［ 4 ］

3 （正の数）＋（負の数）＝（正の数）または（負の数）

正の数と負の数を足した答えは，正の数になるときと負の数になるときがあります。

例 5＋(−3)＝2 ←
① 5と−3の符号を考えないときの大きさ，5と3を考える
② 5と3では3のほうが小さい
③ 答えは正の数になる

例 $4+(-10)=-6$

①4と−10の符号を考えないときの大きさ，4と10を考える
②4と10では10のほうが大きい
③答えは負の数になる

問5 $15+(-13)=$ [5]　　問6 $25+(-56)=$ [6]

4 (負の数)+(正の数)=(正の数) または (負の数)

負の数と正の数を足した答えは，3と同じく正の数になるときと負の数になるときがあります。

例 $(-5)+3=-2$

① −5と3の符号を考えないときの大きさ，5と3を考える
②5と3では5のほうが大きい
③答えは負の数になる

例 $(-4)+10=6$

① −4と10の符号を考えないときの大きさ，4と10を考える
②4と10では4のほうが小さい
③答えは正の数になる

問7 $(-15)+13=$ [7]　　問8 $(-25)+56=$ [8]

つまずくのはここだ！

正の数を表す符号+は，省略することができます。

$(+3)+(+2)=3+2=+5=5$ （+3，+2，+5の符号+の省略）

$(+3)+(-2)=3+(-2)=+1=1$ （+3と+1の符号+の省略）

1 2 3 4 5 6 7

数と計算の基本

1-2

正の数・負の数の引き算

ルール

⟨1⟩ (正の数) − (正の数) = (正の数) または (負の数)
⟨2⟩ (負の数) − (負の数) = (正の数) または (負の数)
⟨3⟩ (正の数) − (負の数) = (正の数)
⟨4⟩ (負の数) − (正の数) = (負の数)

1 (正の数) − (正の数) = (正の数) または (負の数)

正の数どうしを引いた答えは，正の数になるときと負の数になるときがあります。

例 5−3=2
① 5と3の大きさを考える
② 5と3では3のほうが小さい
③ 答えは正の数になる

例 3−5=−2
① 3と5の大きさを考える
② 3と5では5のほうが大きい
③ 答えは負の数になる

問1 15−13=［ 1 ］　問2 25−56=［ 2 ］

2 (負の数) − (負の数) = (正の数) または (負の数)

負の数どうしを引いた答えは，正の数になるときと負の数になるときがあります。負の数の引き算は，足し算に直して計算することができます。

例 (−5)−(−3)=(−5)+3=−2
負の数の引き算　足し算に直す

例 (−3)−(−5)=(−3)+5=2
負の数の引き算　足し算に直す

問3 (−15)−(−13)=(−15)+13=［ 3 ］

問4 (−25)−(−56)=(−25)+56=［ 4 ］

1-1 解答 ❺2 ❻−31 ❼−2 ❽31

3 (正の数)−(負の数)=(正の数)

例 3−(−5)=3+5=8 ← 正の数から負の数を引いた答えは，正の数

負の数の引き算　足し算に直す

例 10−(−14)=10+14=24 ← 正の数から負の数を引いた答えは，正の数

負の数の引き算　足し算に直す

問5 15−(−13)=15+13= [5]

問6 25−(−56)=25+56= [6]

4 (負の数)−(正の数)=(負の数)

例 (−3)−5=−8 ← 負の数から正の数を引いた答えは，負の数

例 (−10)−14=−24 ← 負の数から正の数を引いた答えは，負の数

問7 (−15)−13= [7]

問8 (−25)−56= [8]

つまずくのはここだ！

足したり引いたりする数が多くなると間違えやすくなるので注意してください。

(−2)−(−3)−(−4)=(−2)+3+4=5

負の数の引き算　足し算に直す

1-3

正の数・負の数の掛け算

ルール

① (正の数)×(正の数)=(正の数)
② (負の数)×(負の数)=(正の数)
③ (正の数)×(負の数)=(負の数)
(負の数)×(正の数)=(負の数)

1 (正の数)×(正の数)=(正の数)

例 5×3=15 ← 正の数どうしを掛けた答えは，正の数

問1 7×9= [1]　　問2 4×12= [2]

2 (負の数)×(負の数)=(正の数)

例 (−5)×(−3)=15 ← 負の数どうしを掛けた答えは，正の数

問3 (−7)×(−9)= [3]　　問4 (−4)×(−12)= [4]

3 (正の数)×(負の数)=(負の数)
(負の数)×(正の数)=(負の数)

例 5×(−3)=−15 ← 正の数と負の数を掛けた答えは，負の数

例 (−5)×3=−15 ← 負の数と正の数を掛けた答えは，負の数

問5 7×(−9)= [5]　　問6 (−4)×12= [6]

つまずくのはここだ！

負の数どうしを掛けた答えは正の数になりますが，負の数を3回掛けた答えも正の数であると勘違いしている人がいます。正解は，負の数です。

(負の数)×(負の数)×(負の数)=(負の数)

(−2)×(−2)×(−2)=−8 ← ① (負)×(負)=(正)　② (正)×(負)=(負)

1-2 解答　❺28　❻81　❼−28　❽−81

1-4 正の数・負の数の割り算

ルール

〈1〉（正の数）÷（正の数）＝（正の数）
〈2〉（負の数）÷（負の数）＝（正の数）
〈3〉（正の数）÷（負の数）＝（負の数）
（負の数）÷（正の数）＝（負の数）

1 （正の数）÷（正の数）＝（正の数）

例 15÷3＝5 ← 正の数を正の数で割った答えは，正の数

問1 63÷7＝[1]　　問2 48÷4＝[2]

2 （負の数）÷（負の数）＝（正の数）

例 （−15）÷（−3）＝5 ← 負の数を負の数で割った答えは，正の数

問3 （−63）÷（−7）＝[3]　　問4 （−48）÷（−4）＝[4]

3 （正の数）÷（負の数）＝（負の数）（負の数）÷（正の数）＝（負の数）

例 15÷（−3）＝−5 ← 正の数を負の数で割った答えは，負の数
例 （−15）÷3＝−5 ← 負の数を正の数で割った答えは，負の数

問5 63÷（−7）＝[5]　　問6 （−48）÷4＝[6]

つまずくのはここだ！

負の数を負の数で割った答えは，正の数になりますが，3回連続の負の数の割り算の答えも正の数であると勘違いしている人がいます。正解は，負の数です。

（負の数）÷（負の数）÷（負の数）＝（負の数）

（−4）÷（−2）÷（−2）＝−1 ← ①（負）÷（負）＝（正）　②（正）÷（負）＝（負）

1-5

計算の順序

〈ルール〉

〈1〉まず掛け算・割り算を計算し，次に足し算・引き算を計算します。

〈2〉かっこや累乗があるときは，この部分を先に計算します。

1 四則計算の順序

足し算・引き算・掛け算・割り算を四則計算といいます。計算の順序は，①掛け算・割り算→②足し算・引き算です。足し算と引き算，掛け算と割り算は，前から順に計算します。

例 $6-3+2=3+2=5$ ← 足し算・引き算は，前から順に計算

例 $8\div2\times2=4\times2=8$ ← 掛け算・割り算は，前から順に計算

例 $2+3\times4=2+12=14$ ← 先に掛け算を計算

例 $2\times3+4\div2=6+2=8$ ← 先に掛け算・割り算を計算

例 $7+6\div2\times3=7+3\times3=7+9=16$ ← 先に掛け算・割り算を計算→続くときは前から順に

問1 $12+(-15)\div(-3)=12+$ [1] $=$ [2]

問2 $5+2-9\div3\times2=5+2-$ [3] $\times2$

$=5+2-$ [4] $=$ [5]

2 かっこや累乗がある計算

3^2や4^3を累乗といいます。$3^2=3\times3$，$4^3=4\times4\times4$を表します。詳しくは40ページで解説していますが，ここでは計算の順序という点に注意してください。

かっこや累乗がある計算では，この部分を先に計算します。それ以降は**1**と同じです。

1-4 解答　❶9　❷12　❸9　❹12　❺−9　❻−12

例 $(2+3)\times2=5\times2=10$ ← 先にかっこを計算

例 $3^2\times2=3\times3\times2=9\times2=18$ ← 先に累乗を計算

例 $2\times(3^2+1)=2\times(3\times3+1)=2\times(9+1)=2\times10=20$

①累乗を計算　②かっこを計算

例 $3-(2+3^2)=3-(2+3\times3)=3-(2+9)=3-11=-8$

①累乗を計算　②かっこを計算

例 $2\times(3+1)^2=2\times4^2=2\times4\times4=2\times16=32$

①かっこを計算　②累乗を計算

問3 $(15-3)\times(18\div3^2)=(15-3)\times\left(18\div\boxed{}^{6}\right)$

$=12\times\boxed{}^{7}=\boxed{}^{8}$

問4 $(5^2-3)+4^2=\left(\boxed{}^{9}-3\right)+\boxed{}^{10}$

$=\boxed{}^{11}+\boxed{}^{10}=\boxed{}^{12}$

つまずくのはここだ！

掛け算と割り算が混ざっている計算は，掛け算を先に計算すると考えている人がいますが，これは間違いです。掛け算と割り算の計算は，はじめから順番に計算します。

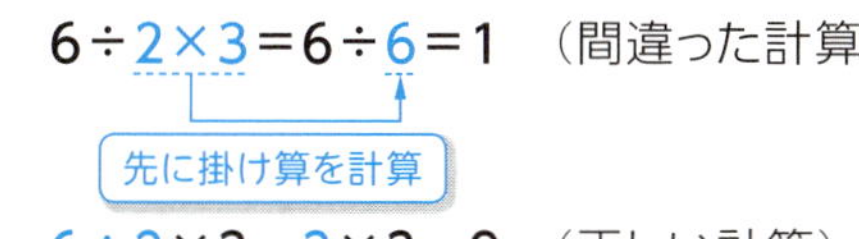

$6\div2\times3=3\times3=9$　（正しい計算）

はじめから順番に計算

1-6

小数の足し算・引き算

ルール

小数点の位置をそろえてから計算します。

①足し算

```
   0.25
 + 0.03
 ------
   0.28
```

②引き算

```
   0.23
 − 0.05
 ------
   0.18
```

計算のしかたの前に，小数の表し方をおさらいしておきます。

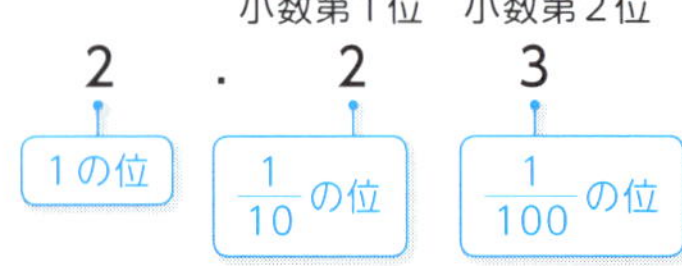

1 足し算

ここでは，筆算による小数の計算について解説します。小数の足し算は，次の順序で計算します。

例 1.82+2.23の計算

①小数点の位置をそろえる

```
   1.82
 + 2.23
 ------
```

小数点の位置をそろえて書く

②足し算を計算する

```
   1.82
 + 2.23
 ------
   4 05
```

③小数点を下ろす

```
   1.82
 + 2.23
 ------
   4.05
```

小数点はそのまま下ろしてつける

1-5 解答 ❻9 ❼2 ❽24 ❾25 ❿16 ⓫22 ⓬38

問1

$$\begin{array}{r} 0.65 \\ +\ 1.5 \\ \hline \end{array}$$

1

問2

$$\begin{array}{r} 5.21 \\ +\ 13.5 \\ \hline \end{array}$$

2

2 引き算

小数の引き算は，足し算と同じように計算します。

例 2.53－1.25の計算

①小数点の位置をそろえる

$$\begin{array}{r} 2.53 \\ -\ 1.25 \\ \hline \end{array}$$

小数点の位置をそろえて書く

②引き算を計算する

$$\begin{array}{r} 2.53 \\ -\ 1.25 \\ \hline 1\ 28 \end{array}$$

③小数点を下ろす

$$\begin{array}{r} 2.53 \\ -\ 1.25 \\ \hline 1.28 \end{array}$$

小数点はそのまま下ろしてつける

問3

$$\begin{array}{r} 2.6 \\ -\ 1.35 \\ \hline \end{array}$$

問4

$$\begin{array}{r} 7.54 \\ -\ 0.8 \\ \hline \end{array}$$

小数点の位置をそろえずにそのまま計算してしまう人がいますが，それでは正しい計算はできません。

$$\begin{array}{r} 0.2 \\ +\ 0.03 \\ \hline 0.\ 05 \end{array}$$

（間違った計算）

小数点の位置がバラバラ

$$\begin{array}{r} 0.2 \\ +\ 0.03 \\ \hline 0.23 \end{array}$$

（正しい計算）

小数点の位置がそろっている

1-7

小数の掛け算

ルール

次の順序で計算します。
①式を右側にそろえる
②小数点の位置を右に移して整数に直す
③掛け算を計算する
④小数点の位置を左に移して小数に戻す

足し算・引き算では，小数点の位置をそろえて計算しましたが，掛け算では次のように計算します。

例 1.2×1.53の計算

①式を右側にそえええる

```
     1.2
 × 1.5 3   ← 小数点ではなく，式をそろえる
```

②小数点の位置を右に移して整数に直す

```
     1.2   ← 整数にするために，小数点を右に1つ移す Ⓐ
 × 1.5 3   ← 整数にするために，小数点を右に2つ移す Ⓑ
```

⇩

```
     1 2
 × 1 5 3
```

③掛け算を計算する

```
     1 2
 × 1 5 3
     3 6
   6 0
 1 2
 1 8 3 6
```

④小数点の位置を左に移して小数に戻す

```
     1.2
 × 1.5 3
     3 6
   6 0
 1 2
 1.8 3 6   ← 上のⒶⒷで，小数点を右に3つ移したので，最後に左に3つ移動する
```


1-6 解答 ❶2.15 ❷18.71 ❸1.25 ❹6.74

例 2.34×1.5の計算

```
    2.3 4     ← 式を右側にそろえる
              ← 整数にするために，小数点を右に2つ移す
×     1.5     ← 整数にするために，小数点を右に1つ移す
――――――――
1 1 7 0
2 3 4
――――――――
3.5 1 0       ← 小数点の位置を左に3つ移す
```

問1

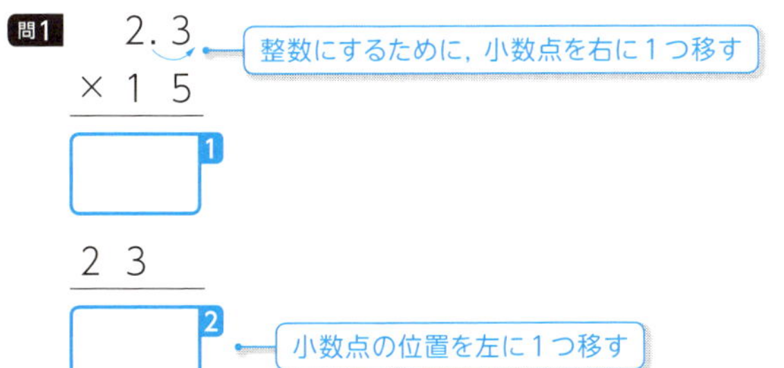

問2

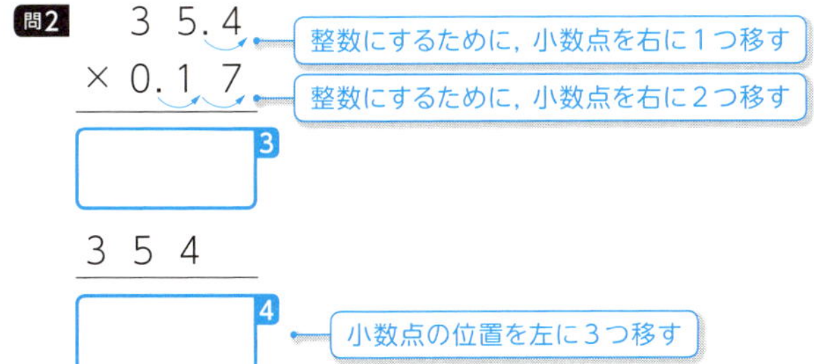

足し算や引き算は小数点の位置をそろえて計算しましたが，掛け算では小数点の位置をそろえないで計算します。

```
   1.2
× 1.53    （間違った計算）
――――――
```

小数点の位置をそろえて計算しない

1-8

小数の割り算

ルール

⟨1⟩ 割る数が整数のときは，割られる数の小数点の位置は移しません。

2) 2.4

⟨2⟩ 割る数が小数のときは，整数になるまで小数点の位置を右に移します。それに合わせて，割られる数の小数点の位置も移します。

0.2) 0.24

小数の割り算には，次の３つの場合があります。

①小数÷整数　②整数÷小数　③小数÷小数

小数の割り算は，はじめに小数点の位置を右に移すか，移さないかを考えます。

1 割る数が整数の場合

割る数が整数のときは，小数点の位置は移さないでそのまま計算します。

例 2.4÷2の計算

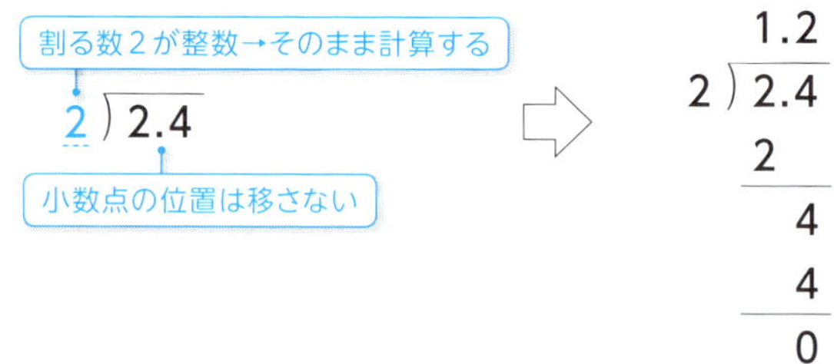

1-7 解答　❶115　❷34.5　❸2478　❹6.018

2 割る数が小数の場合

まず，整数÷小数の場合です。割る数が小数のときは，割る数が整数になるまで小数点の位置を右に移します。

例 24÷0.2の計算

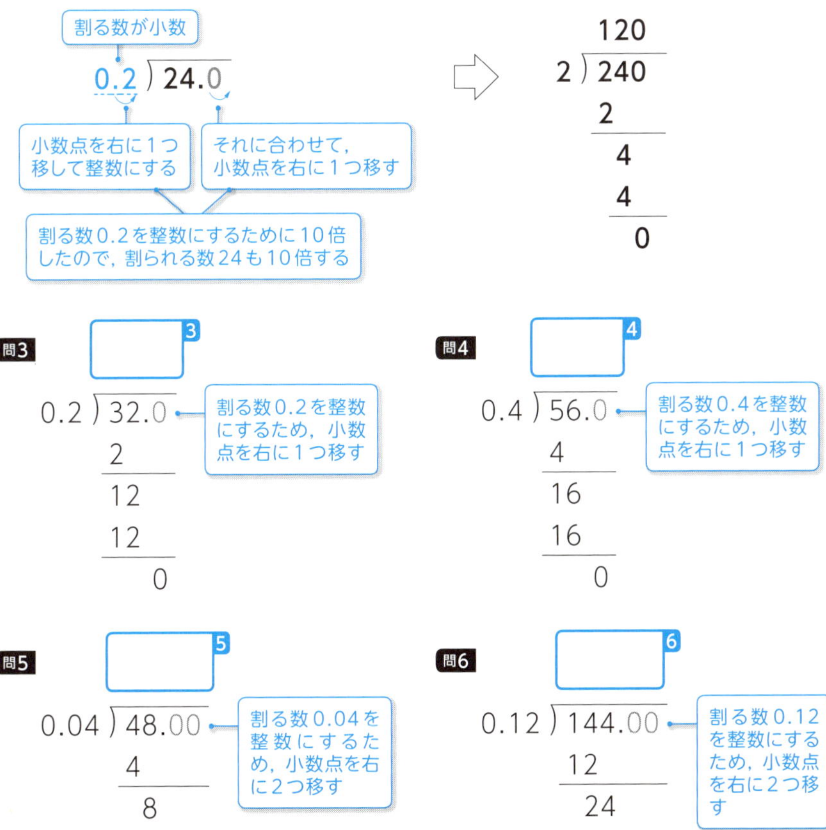

次は，小数÷小数の場合です。

「整数÷小数」と同じく割る数が小数なので，整数になるまで小数点の位置を右に移します。それに合わせて割られる数の小数点の位置も移します。

例 2.4÷0.2の計算

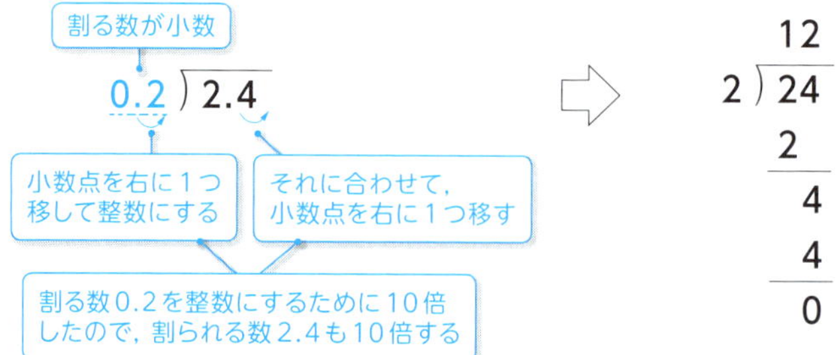

例 0.024÷0.02の計算

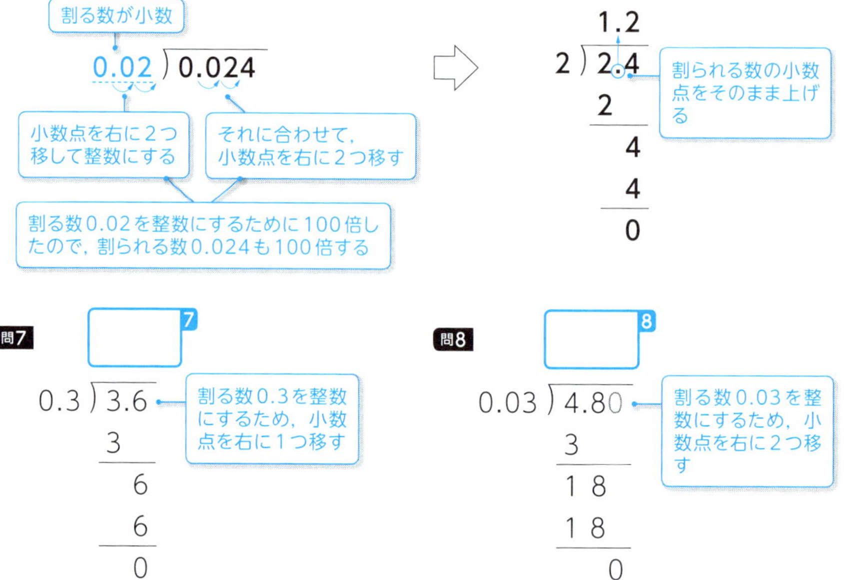

1-8 解答 ❸160 ❹140 ❺1200 ❻1200

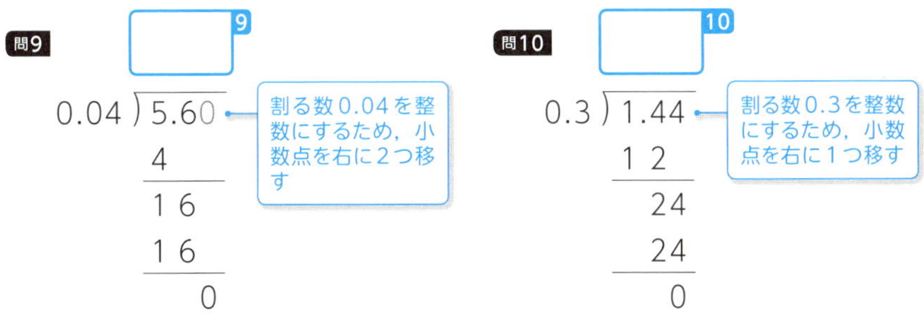

■近似値

ここまで小数の計算について見てきましたが，問題によっては，切り捨て，切り上げ，四捨五入などにより近似値を求めるものがあります。あまり聞かないかもしれませんが，電気工事士筆記試験では「7捨8入」の計算があります。

例 1.25 ⇒ 2　小数点以下を切り上げ

例 1.25 ⇒ 1.2　小数第2位を切り捨て

例 1.24 ⇒ 1.2　小数第2位を四捨五入

例 1.25 ⇒ 1.3　小数第2位を四捨五入

例 24.5 ⇒ 24　小数第1位を7捨8入

小数の割り算が苦手な人はたくさんいます。その理由は，小数点の位置を移して計算しなければならないからです。

よくある「つまずき」は，小数点の位置をどれだけ移せばよいかを忘れてしまうことですが，小数点の位置を移すのは，「割る数を整数にするためだ」ということを覚えておきましょう。

0.0002) 0.2400　0.0002を整数にするため，小数点を右に4つ移す

1-9

分数とは

ルール

〈1〉 $\frac{2}{3}$のような数を分数といいます。3を分母，2を分子といいます。

〈2〉 分数$\frac{2}{3}$は2を3等分することを表しています。

分数は分母が0にはなりません。

$\frac{3}{0}$…×　　$\frac{0}{2}=0$…○

〈3〉 割り算は分数に直すことができます。

$7\div3=\frac{7}{3}$　　$1\div2=\frac{1}{2}$　　$2\div1=\frac{2}{1}=2$

■分数の表し方

$\frac{2}{3}$のように分母が分子よりも大きいものを真分数といいます。逆に$\frac{3}{2}$のように分母より分子のほうが大きいものを仮分数（かぶんすう）といいます。

例 $\frac{3}{7}$ ← 分子<分母→真分数　　$\frac{7}{3}$ ← 分子>分母→仮分数

■分数の意味

$\frac{2}{3}$は2を3等分するということを意味しています。したがって，$\frac{0}{2}$は0を2等分するということになりますが，0は何等分しても0なので，分子が0のときは「イコール0」ということになります。

$\frac{0}{\square}=0$ ← 分子が0のときは，分母が0以外のときには0

また，$\frac{3}{0}$は3を0等分することを意味しますが，それは不可能なので成立しません。

1-8 解答　❾140　❿4.8

■割り算と分数

2÷3は2を3等分することを表しますが，これは分数$\frac{2}{3}$と同じです。したがって，$2\div3=\frac{2}{3}$という関係が成り立ちます。

例 $5\div7=\frac{5}{7}$ ― 両方とも，5を7等分するということを表す

例 $1\div10=\frac{1}{10}$ ― 両方とも，1を10等分するということを表す

問1 $3\div4=$ [1]

問2 $4\div3=$ [2]

問3 $3\div3=$ [3] $=$ [4]

問4 $6\div3=$ [5] $=$ [6]

つまずくのはここだ！

《その1》

割り算は分数に直すことができます。このとき，分母と分子を反対に書いてしまうことがありますので，注意してください。

$7\div3=\frac{7}{3}$ （正しい）　$7\div3=\frac{3}{7}$ （間違い）

$1\div2=\frac{1}{2}$ （正しい）　$1\div2=\frac{2}{1}$ （間違い）

《その2》

下のような負の分数は，マイナスの符号の位置がそれぞれ異なっていますが，どの分数も同じです。混乱する人が多いので，よく覚えておいてください。

$-\frac{1}{2}=\frac{-1}{2}=\frac{1}{-2}$ ― −（マイナス）がどこにあっても同じ

1-10

分数の足し算・引き算

ルール

〈1〉分母が同じときは，分母はそのままで分子だけを計算します。答えが約分できるときは約分します。

［足し算］ $\frac{1}{5}+\frac{2}{5}=\frac{3}{5}$　　［引き算］ $\frac{2}{5}-\frac{1}{5}=\frac{1}{5}$

〈2〉分母が異なるときは，次の順番で計算します。

①通分する→②分子どうしを足す・分子どうしを引く→③約分する

［足し算］ $\frac{1}{2}+\frac{1}{6}=\frac{3+1}{6}=\frac{4}{6}=\frac{2}{3}$

［引き算］ $\frac{1}{2}-\frac{1}{6}=\frac{3-1}{6}=\frac{2}{6}=\frac{1}{3}$

分数の足し算・引き算は，分母が同じときは分母はそのままにして，分子どうしを計算します。分母が違うときは，通分してから計算します。

1 分母が同じ場合

例 $\frac{1}{5}+\frac{2}{5}=\frac{1+2}{5}=\frac{3}{5}$ （分子どうしを足す／分母が同じ）

例 $\frac{2}{5}-\frac{1}{5}=\frac{2-1}{5}=\frac{1}{5}$ （分子どうしを引く／分母が同じ）

問1 $\frac{2}{7}+\frac{3}{7}=$ ［　　］1

問2 $\frac{2}{7}-\frac{3}{7}=$ ［　　］2

2 分母が異なる場合

$\frac{1}{2}+\frac{1}{6}$ を計算します。分母の数が2と6で異なっているため，分子どうしの計算をそのままますることはできません。このような場合は，分母の数をそろえる「通分」をしてから計算します。

1-9 解答 ❶ $\frac{3}{4}$ ❷ $\frac{4}{3}$ ❸ $\frac{3}{3}$ ❹ 1 ❺ $\frac{6}{3}$ ❻ 2

■通分

分数では，分母と分子に同じ数を掛けてもその値は変わりません。通分は，分母の数の最小公倍数になるように，それぞれの分母の数を変えることをいいます。この例では，2と6の最小公倍数である6になるようにしますが，そのために$\frac{1}{2}$の分母と分子に3を掛けます。

$$\frac{1}{2}=\frac{1\times3}{2\times3}=\frac{3}{6}$$

分母，分子に同じ数を掛けても値は変わらない

通分によって，分母が両方とも同じ数6になったため，計算式は次のようになります。

$$\frac{1}{2}+\frac{1}{6}=\frac{1\times3}{2\times3}+\frac{1}{6}=\frac{3}{6}+\frac{1}{6}$$

通分して，両方の分母が6に

あとは，❶と同様，分子どうしの計算をします。

$$\frac{3}{6}+\frac{1}{6}=\frac{3+1}{6}=\frac{4}{6}$$

分子どうしを足す

以上が，通分による分数の計算のしかたですが，ここで答えである$\frac{4}{6}$を見てください。この分数は，さらに簡単にすることができそうです。

■約分

通分のところで，分数は分母と分子に同じ数を掛けてもその値は変わらないと述べましたが，同様に分母と分子を同じ数で割っても値は変わりません。約分は，分母と分子の数を最大公約数で割って，その数を変えることをいいます。この例では，6と4の最大公約数が2なので分母，分子を2で割ります。

$$\frac{4}{6}=\frac{4\div2}{6\div2}=\frac{2}{3}$$

4と6の最大公約数は2→2で割れる（約分）

計算によって出た答えの分母，分子に公約数があるときは，約分することができます。このことをつねに意識するようにしてください。

1-10 解答　❶$\frac{5}{7}$　❷$-\frac{1}{7}\left(\frac{-1}{7}\right)$

分母を12にするために4を掛ける　分子どうしを足す　3で割れる（約分）

例 $\frac{2}{3}+\frac{1}{12}=\frac{2\times4}{3\times4}+\frac{1}{12}=\frac{8}{12}+\frac{1}{12}=\frac{8+1}{12}=\frac{9}{12}=\frac{9\div3}{12\div3}=\frac{3}{4}$

3と12の最小公倍数は12　12で通分

問3 $\left(-\frac{1}{3}\right)-\frac{3}{5}=\left(-\frac{1\times5}{3\times5}\right)-\frac{3\times\boxed{}^{3}}{5\times\boxed{}^{3}}=\left(-\frac{5}{15}\right)-\boxed{\frac{}{}}^{4}$

$=\frac{-5-\boxed{}^{5}}{15}=\boxed{\frac{}{}}^{6}$

3 帯分数（たいぶんすう）の計算

次のような分数を帯分数といいます。帯分数は，整数と分数で成り立っている分数です。

$2\frac{1}{3}$ ← 整数+分数

帯分数 $2\frac{1}{3}$ は $2+\frac{1}{3}$ という意味です。これをうっかり $2\times\frac{1}{3}$ と勘違いしてしまうことがあるので注意してください。

$2\frac{1}{3}=2+\frac{1}{3}=\frac{6}{3}+\frac{1}{3}=\frac{6+1}{3}=\frac{7}{3}$

$2=\frac{6}{3}$　3で通分

$2\times\frac{1}{3}=\frac{2\times1}{3}=\frac{2}{3}$　（34ページ参照）

意味が違ってしまう

帯分数の足し算は，整数部分どうし，分数部分どうしの計算をします。

分数どうしを計算

例 $2\frac{1}{6}+3\frac{1}{3}=2\frac{1}{6}+3\frac{2}{6}=2+3+\frac{1+2}{6}=5+\frac{\cancel{3}^{1}}{\cancel{6}_{2}}=5+\frac{1}{2}=5\frac{1}{2}$

6で通分　整数どうしを計算

帯分数の引き算は，分数部分の引き算ができないときは，$1=\frac{1}{1}=\frac{2}{2}=\frac{3}{3}=\frac{4}{4}=\frac{5}{5}$……ということを利用して計算します。

たとえば，$1\frac{1}{3}-\frac{2}{3}$を計算する場合，$\frac{1}{3}$から$\frac{2}{3}$は引けないので，$1\frac{1}{3}=1+\frac{1}{3}=\frac{3}{3}+\frac{1}{3}=\frac{4}{3}$と考えます。すると，$1\frac{1}{3}-\frac{2}{3}=\frac{4}{3}-\frac{2}{3}=\frac{2}{3}$となります。

次に$3\frac{1}{3}-\frac{2}{3}$を見てみましょう。同様に$\frac{1}{3}$から$\frac{2}{3}$は引けないので，$3\frac{1}{3}=2+1+\frac{1}{3}=2+\frac{3}{3}+\frac{1}{3}=2\frac{4}{3}$と考えます。すると，$3\frac{1}{3}-\frac{2}{3}=2\frac{4}{3}-\frac{2}{3}=2\frac{2}{3}$となります。このように，帯分数の整数部分を1小さくなるようにすることを帯分数の繰り下げといいます。

例 $4\frac{1}{3}-\frac{5}{12}=4\frac{4}{12}-\frac{5}{12}=3\frac{16}{12}-\frac{5}{12}=3+\frac{16-5}{12}=3+\frac{11}{12}=3\frac{11}{12}$

12で通分

① $\frac{4}{12}$から$\frac{5}{12}$は引けない

② $4\frac{4}{12}=3+1+\frac{4}{12}=3+\frac{12}{12}+\frac{4}{12}$
$=3\frac{16}{12}$と考える

問4 $5\frac{1}{4}-\frac{3}{5}=5\frac{\square}{\square}$ **7** $-\frac{12}{20}=4\frac{\square}{\square}$ **8** $-\frac{12}{20}=4\frac{\square}{\square}$ **9**

つまずくのはここだ！

分数の足し算や引き算は，「通分する」ということを理解できていないと，そのまま分母どうしや分子どうしを足したり，引いたりしてしまうことがあります。

$$\frac{1}{2}+\frac{1}{3}=\frac{1+1}{2+3}=\frac{2}{5} \qquad \frac{2}{5}-\frac{1}{3}=\frac{2-1}{5-3}=\frac{1}{2}$$

（どちらも間違った計算）

これは，分数の掛け算で$\frac{1}{2}\times\frac{1}{3}=\frac{1\times1}{2\times3}$のように分母どうし，分子どうしを掛けることと混同してしまうために起こります。

1-10 解答 ❸3 ❹$\frac{9}{15}$ ❺9 ❻$-\frac{14}{15}\left(\frac{-14}{15}\right)$

1-11

分数の掛け算

ルール

分母どうし，分子どうしを掛けます。

$$\frac{1}{4}\times\frac{1}{3}=\frac{1\times1}{4\times3}=\frac{1}{12}$$

分数の掛け算は，分母どうし，分子どうしを掛けます。途中で約分できるときは約分して計算します。

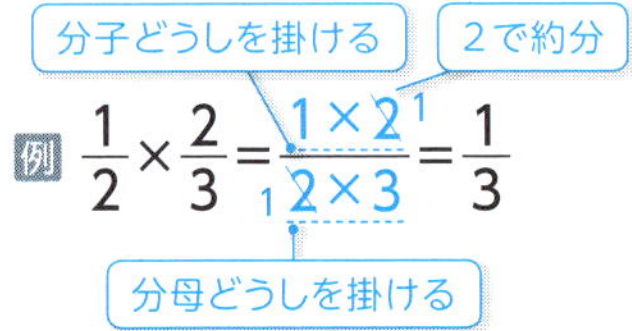

例 $\frac{1}{2}\times\frac{2}{3}=\frac{1\times2^{1}}{{}_{1}2\times3}=\frac{1}{3}$

例 $\frac{4}{3}\times\frac{3}{2}=\frac{{}^{2}4\times3^{1}}{{}_{1}3\times2_{1}}=2$

分子どうしを掛ける　3で約分　分母どうしを掛ける　2で約分

問1 $\frac{5}{9}\times3=\frac{5\times\boxed{1}}{\boxed{2}}=\boxed{3}$

（**1** **2**には約分した数を入れる）

問2 $\frac{2}{5}\times\left(-\frac{3}{8}\right)=\frac{\boxed{4}\times(-3)}{5\times\boxed{5}}=\boxed{6}$

（**4** **5**には約分した数を入れる）

■帯分数の掛け算

帯分数の掛け算は，仮分数に直してから計算します。まず，帯分数→仮分数の直し方について見てみます。

例 ① $2\frac{1^{③}}{4_{②}}=2+\frac{1}{4}=\frac{8}{4}+\frac{1}{4}=\frac{9}{4}$　①×②+③

例 ① $3\frac{2^{③}}{5_{②}}=3+\frac{2}{5}=\frac{15}{5}+\frac{2}{5}=\frac{17}{5}$　①×②+③

注目していただきたいのは，求めた仮分数の分子は，①×②+③になっているということです。これは，多くの問題を解いていけば自然に身につくようにな

1-10 解答　❼ $\frac{5}{20}$　❽ $\frac{25}{20}$　❾ $\frac{13}{20}$

りますが，はじめのうちは意識するようにしてください。

次に，帯分数の掛け算を解きます。

例 $2\frac{1}{5}\times\frac{2}{3}=\frac{11}{5}\times\frac{2}{3}=\frac{11\times 2}{5\times 3}=\frac{22}{15}$

分子は2×5＋1
帯分数→仮分数
分子どうしを掛ける
分母どうしを掛ける

例 $\frac{5}{6}\times 4\frac{1}{2}=\frac{5}{6}\times\frac{9}{2}=\frac{5\times \overset{3}{\cancel{9}}}{{}_{2}\cancel{6}\times 2}=\frac{15}{4}$

分子は4×2＋1
帯分数→仮分数
分子どうしを掛ける
分母どうしを掛ける
3で約分

問3 $2\frac{1}{3}\times 3\frac{3}{4}=\frac{\boxed{}^{7}}{3}\times\frac{\boxed{}^{8}}{4}=\frac{\boxed{}^{7}\times\boxed{}^{9}}{1\times 4}=\boxed{\frac{}{}}^{10}$

問4 $5\frac{1}{4}\times 6=\frac{\boxed{}^{11}}{4}\times 6=\frac{\boxed{}^{11}\times\boxed{}^{12}}{2}=\boxed{\frac{}{}}^{13}$

つまずくのはここだ！

負の分数の掛け算では，－（マイナス）の符号の位置が異なっていると戸惑ってしまうことがありますが，どこにあっても同じ意味を示しています（29ページ・つまずくのはここだ！参照）。

$$-\frac{1}{2}=\frac{-1}{2}=\frac{1}{-2}\qquad -\frac{1}{3}=\frac{-1}{3}=\frac{1}{-3}$$

$$-\frac{1}{2}\times\frac{-1}{3}=\frac{-1}{2}\times\frac{-1}{3}=\frac{(-1)\times(-1)}{2\times 3}=\frac{1}{6}$$

1-11 解答　❶1　❷3　❸$\frac{5}{3}$　❹1　❺4　❻$-\frac{3}{20}\left(\frac{-3}{20}\right)$

1-12

分数の割り算

ルール

割る数の逆数を掛けます。

$$\frac{1}{4}\div\frac{2}{3}=\frac{1}{4}\times\frac{3}{2}=\frac{1\times3}{4\times2}=\frac{3}{8}$$

分数の割り算は，割る数の逆数を掛けます。途中で約分できるときは約分して計算します。

■逆数

2つの数を掛けたときの答えが1になるとき，片方の数をもう片方の数の逆数といいます。言い方を変えると，逆数は分数の分母と分子を入れ換えた数です。

例 分数$\frac{2}{3}$の逆数は$\frac{3}{2}$ ― $\frac{2}{3}\times\frac{3}{2}=1$

例 整数2の逆数は$\frac{1}{2}$ ― $2=\frac{2}{1}$ → $\frac{2}{1}\times\frac{1}{2}=1$

割り算は，割る数の逆数を掛けるので，基本的に掛け算と同じです。

例 $\frac{2}{3}\div\frac{4}{3}=\frac{2}{3}\times\frac{3}{4}=\frac{{}^{1}2\times3^{1}}{{}_{1}3\times4_{2}}=\frac{1}{2}$

分子どうしを掛ける　3で約分　$\frac{4}{3}$の逆数を掛ける　分母どうしを掛ける　2で約分

例 $\frac{3}{4}\div2=\frac{3}{4}\times\frac{1}{2}=\frac{3\times1}{4\times2}=\frac{3}{8}$

分子どうしを掛ける　2の逆数を掛ける　分母どうしを掛ける

問1 $\left(-\frac{3}{4}\right)\div\left(-\frac{15}{2}\right)=\left(-\frac{3}{4}\right)\times\left(\boxed{1}\right)$

$=\left(-\frac{1}{2}\right)\times\left(\boxed{2}\right)=\boxed{3}$

1-11 解答　❼7　❽15　❾5　❿$\frac{35}{4}$　⓫21　⓬3　⓭$\frac{63}{2}$

■帯分数の割り算

帯分数の割り算は，掛け算と同じように仮分数に直してから計算します。

例 $2\dfrac{1}{3} \div \dfrac{3}{4} = \dfrac{7}{3} \div \dfrac{3}{4} = \dfrac{7}{3} \times \dfrac{4}{3} = \dfrac{7 \times 4}{3 \times 3} = \dfrac{28}{9}$

- 分子は2×3＋1
- 帯分数→仮分数
- $\dfrac{3}{4}$の逆数を掛ける
- 分子どうしを掛ける
- 分母どうしを掛ける

例 $\dfrac{1}{3} \div 2\dfrac{3}{5} = \dfrac{1}{3} \div \dfrac{13}{5} = \dfrac{1}{3} \times \dfrac{5}{13} = \dfrac{1 \times 5}{3 \times 13} = \dfrac{5}{39}$

- 分子は2×5＋3
- 帯分数→仮分数
- $\dfrac{13}{5}$の逆数を掛ける
- 分子どうしを掛ける
- 分母どうしを掛ける

問2 $2\dfrac{1}{3} \div 3\dfrac{3}{4} = \dfrac{\square^{(4)}}{3} \div \dfrac{\square^{(5)}}{4} = \dfrac{\square^{(4)}}{3} \times \boxed{\dfrac{\quad}{\quad}}^{(6)}$

$= \dfrac{\square^{(4)} \times 4}{3 \times \square^{(5)}} = \boxed{\dfrac{\quad}{\quad}}^{(7)}$

問3 $5\dfrac{1}{4} \div \dfrac{1}{6} = \dfrac{\square^{(8)}}{4} \div \dfrac{1}{6} = \dfrac{\square^{(8)}}{4} \times \square^{(9)} = \boxed{\dfrac{\quad}{\quad}}^{(10)}$

つまずくのはここだ!

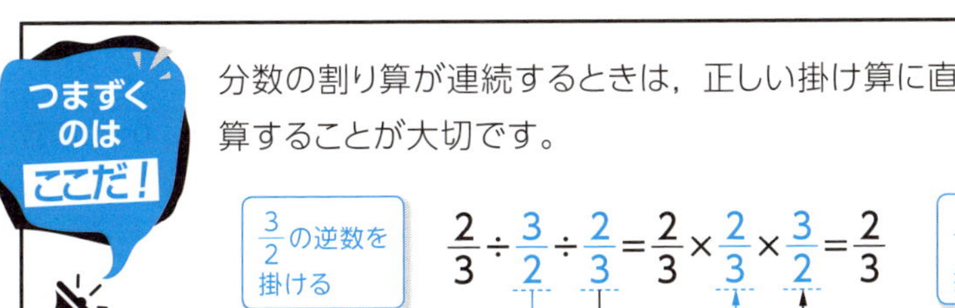

分数の割り算が連続するときは，正しい掛け算に直してから計算することが大切です。

$\dfrac{2}{3} \div \dfrac{3}{2} \div \dfrac{2}{3} = \dfrac{2}{3} \times \dfrac{2}{3} \times \dfrac{3}{2} = \dfrac{2}{3}$

- $\dfrac{3}{2}$の逆数を掛ける
- $\dfrac{2}{3}$の逆数を掛ける

• COLUMN •

0の割り算

（1）0を割る

0÷2の答えはいくつになるでしょうか。

このことを考えるために，$\frac{0}{2}$＝㋐のときの㋐がどのような数になるかを考えます。

$\frac{0}{2}$＝㋐のときの㋐がどのような数になるかは，

0＝2×㋐

のように考えます。

すると，㋐は0になることがわかります。0÷2の答えは0になります。

（2）0で割る

2÷0の答えはいくつになるでしょうか。

このことを考えるために，$\frac{2}{0}$＝㋑のときの㋑がどのような数になるかを考えます。

$\frac{2}{0}$＝㋑のときの㋑がどのような数になるかは，

2＝0×㋑

のように考えます。

すると，㋑の答えはないことがわかります。2÷0の答えはありません。

（3）0を0で割る

0÷0の答えはいくつになるでしょうか。

このことを考えるために，$\frac{0}{0}$＝㋒のときの㋒がどのような数になるかを考えます。

$\frac{0}{0}$＝㋒のときの㋒がどのような数になるかは，

0＝0×㋒

のように考えます。

すると，㋒の答は0，1，2，3，…のように0だけではないことがわかります。0÷0の答えは1つにはなりません。

1-12 解答　❹7　❺15　❻$\frac{4}{15}$　❼$\frac{28}{45}$　❽21　❾6　❿$\frac{63}{2}$

CHAPTER

2

累乗・平方根・数の表記方法

第2章の内容

電気数学では，いろいろな平方根の計算が出てきます。
また，大きな数や小さな数の計算も多くあります。
大きな数や小さな数は指数で表すと計算がわかりやすくなります。
第2章では，この他にk（キロ）やm（ミリ）などの
接頭語のつけ方，はずし方についても取り上げます。

2-1

累乗の意味

ルール

⟨1⟩ $3^2=3\times3$　⟨2⟩ $(3^2)^3=3^{2\times3}$

1 累乗とは

3×3は3を2回掛けています。同じ数をいくつか掛けたものを累乗（るいじょう）といい，3^2のように表します。3^2の2を指数といいます。

例 $3^3=3\times3\times3=27$ ― 3^3は3を3回掛けたもの→3の3乗

問1 $-3^2=-($ [1] $\times$ [1] $)=$ [2]

2 $(3^2)^3=3^{2\times3}$

これは，次のように考えると理解できます。

$(3^2)^3=3^2\times3^2\times3^2=3\times3\times3\times3\times3\times3=3^6$…①

$3^{2\times3}=3^6$…②

①②から①=②，すなわち$(3^2)^3=3^{2\times3}$が成り立ちます。

例 $((-2)^2)^2=(-2)^{2\times2}=(-2)^4=16$ ― $(-2)^2\times(-2)^2$ $=(-2)\times(-2)\times(-2)\times(-2)$ $=(-2)^4$

問2 $(2^2)^4=2^{2\times}$ [3] $=2$ [4] $=$ [5]

次の計算は，よくある間違いなので注意してください。

$(-3)^2=-3\times3=-9$　（間違った計算）

$(-3)^2=(-3)\times(-3)=9$　（正しい計算）

$(-2^2)^3=-2^{2\times3}=-2^6=64$　（間違った計算）

$(-2^2)^3=(-4)^3=-64$　（正しい計算）

－（マイナス）は2だけでなく2^2にかかっているので，$-2^2=-(2\times2)=-4$

2-2

指数の表し方

ルール

電気では1000000Ωのような大きな数や0.000001 Aのような小さな数を扱います。このとき，$1000000=10^6$や$0.000001=10^{-6}$のように指数を使うと計算がわかりやすくなります。

① 大きな数　$1000=10^3$　② 小さな数　$0.001=\frac{1}{10^3}$

1 大きな数の表し方

1000は10×10×10で，10を3回掛けています。したがって，1000は10^3と表すことができます。

$$1000=10\times10\times10=10^3$$

例 $10000=10^4$ ← $10000=10\times10\times10\times10$

なお，10は指数を使って10^1と表すことができますが，指数が1のときには省略するのが一般的です。

問1 $100000=10^{\square}$ 1　問2 $10000000=10^{\square}$ 2

2 小さな数の表し方

小数0.001を指数を使って表します。

0.001は分数で表すと$\frac{1}{1000}$です。$\frac{1}{1000}$は$\frac{1}{10\times10\times10}$と表すことができます。$10\times10\times10$は指数を使って表すと$10^3$になりますので，

$$0.001=\frac{1}{1000}=\frac{1}{10\times10\times10}=\frac{1}{10^3}$$

例 $0.0001=\frac{1}{10^4}$ ← $0.0001=\frac{1}{10000}=\frac{1}{10\times10\times10\times10}$

問3 $0.01=\frac{1}{10^{\square}}$ 3　問4 $0.000001=\frac{1}{10^{\square}}$ 4

2-1 解答　❶3　❷−9　❸4　❹8　❺256

2-3

指数の掛け算・割り算

ルール

〈1〉掛け算は，指数どうしの足し算をします。
$10^5 \times 10^3 = 10^{5+3} = 10^8$

〈2〉割り算は，指数どうしの引き算をします。
$10^5 \div 10^3 = 10^{5-3} = 10^2$

1 掛け算

$10^5 \times 10^3$のように指数で表した数の掛け算は，指数どうしの足し算で求めることができます。

$10^5 = 100000$，$10^3 = 1000$なので，$10^5 \times 10^3$は次のように計算できます。

$$10^5 \times 10^3 = 100000 \times 1000 = 100000000 = 10^8$$

したがって，

$$10^5 \times 10^3 = 10^{5+3} = 10^8$$

指数どうしを足す

例 $10^2 \times 10^4 = 10^{2+4} = 10^6$

指数どうしを足す

$10^2 \times 10^4 = 100 \times 10000 = 1000000 = 10^6$

例 $10^3 \times 10 \times 10^3 = 10^{3+1+3} = 10^7$

指数どうしを足す

$10^3 \times 10 \times 10^3$
$= 1000 \times 10 \times 1000$
$= 10000000 = 10^7$

問1 $1000 \times 100000 = 10^3 \times 10^{\boxed{1}} = 10^{3+\boxed{1}} = 10^{\boxed{2}}$

問2 $10 \times 100 \times 1000 = 10 \times 10^2 \times 10^{\boxed{3}} = 10^{\boxed{4}+2+\boxed{3}} = 10^{\boxed{5}}$

2 割り算

$10^5 \div 10^3$のように指数で表した数の割り算は，指数どうしの引き算で求めることができます。

掛け算と同様に，$10^5 \div 10^3$は次のように計算できます。

$$10^5 \div 10^3 = 100000 \div 1000 = 100 = 10^2$$

2-2 解答 ❶5 ❷7 ❸2 ❹6

したがって，

$10^5 \div 10^3 = 10^{5-3} = 10^2$　指数どうしを引く

例 $10^4 \div 10^2 = 10^{4-2} = 10^2$　$10^4 \div 10^2 = 10000 \div 100 = 100 = 10^2$

指数どうしを引く

指数どうしを引く

例 $10^5 \div 10^2 \div 10 = 10^{5-2-1} = 10^2$　$10^5 \div 10^2 \div 10 = 100000 \div 100 \div 10 = 100 = 10^2$

問3 $100 \times 10000 \div 1000 = 10^2 \times 10^4 \div 10^{［6］} = 10^{2+4-［6］} = 10^{［7］}$

問4 $1000 \div 100 \times 10 = 10^3 \div 10^2 \times 10 = 10^{3-2+［8］} = 10^{［9］}$

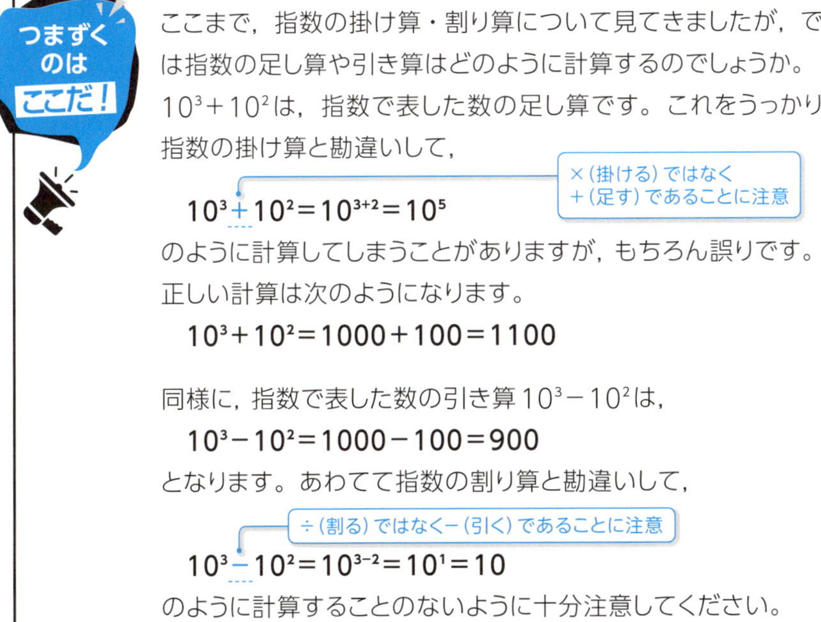

ここまで，指数の掛け算・割り算について見てきましたが，では指数の足し算や引き算はどのように計算するのでしょうか。

$10^3 + 10^2$は，指数で表した数の足し算です。これをうっかり指数の掛け算と勘違いして，

$10^3 + 10^2 = 10^{3+2} = 10^5$　×（掛ける）ではなく＋（足す）であることに注意

のように計算してしまうことがありますが，もちろん誤りです。正しい計算は次のようになります。

$10^3 + 10^2 = 1000 + 100 = 1100$

同様に，指数で表した数の引き算$10^3 - 10^2$は，

$10^3 - 10^2 = 1000 - 100 = 900$

となります。あわてて指数の割り算と勘違いして，

÷（割る）ではなく－（引く）であることに注意

$10^3 - 10^2 = 10^{3-2} = 10^1 = 10$

のように計算することのないように十分注意してください。

2-3 解答　❶5　❷8　❸3　❹1　❺6

2-4

指数計算の決まりごと

ルール

〈1〉 $\frac{1}{10^3}=10^{-3}$　〈2〉 $\frac{1}{10^{-3}}=10^3$　〈3〉 $10^0=1$

1 $\frac{1}{10^3}=10^{-3}$

$10^2 \div 10^5$は，次のように計算することができます。

$$10^2 \div 10^5=\frac{10^2}{10^5}=\frac{100}{100000}=\frac{1}{1000}=\frac{1}{10^3}$$

一方，割り算$10^2 \div 10^5$を42ページのルール〈2〉を使って計算すると

$$10^2 \div 10^5=10^{2-5}=10^{-3}$$

指数どうしを引く

となります。このことから，$\frac{1}{10^3}=10^{-3}$とすると，指数が－（マイナス）のときにも成り立ちます。

さらに，41ページのルール〈2〉から，次のようなルールが成り立ちます。

$$0.001=\frac{1}{10^3}=10^{-3}$$

例 $\frac{1}{10^2}\times\frac{1}{10^3}=\frac{1}{10^{2+3}}=\frac{1}{10^5}=10^{-5}$

指数どうしを足す

問1 $\frac{1}{10^2}\times\frac{1}{10}\div 10^2=\frac{1}{10^2}\times\frac{1}{10^1}\times\frac{1}{\boxed{\ 1\ }}=\frac{1}{10^{2+1+\boxed{\ 2\ }}}$

$=\frac{1}{10^{\boxed{\ 3\ }}}=10^{\boxed{\ 4\ }}$

問2 $\frac{1}{10^2}\div 10^2\div 10^3=\frac{1}{10^2}\times\frac{1}{10^2}\times\frac{1}{\boxed{\ 5\ }}=\frac{1}{10^{2+2+\boxed{\ 6\ }}}$

$=\frac{1}{10^{\boxed{\ 7\ }}}=10^{\boxed{\ 8\ }}$

2-3 解答　6 3　7 3　8 1　9 2

2 $\frac{1}{10^{-3}}=10^3$

1より$10^{-3}=\frac{1}{10^3}$なので，これを代入すると，$\frac{1}{10^{-3}}=\frac{1}{\frac{1}{10^3}}$となります。この式は，$1\div\frac{1}{10^3}$ということですから

$$1\div\frac{1}{10^3}=1\times\frac{10^3}{1}=10^3$$

$\frac{1}{10^3}$の逆数を掛ける

となります。したがって，$\frac{1}{10^{-3}}=10^3$が成り立ちます。

例 $\frac{1}{10^{-2}}\times\frac{1}{10^{-3}}=\frac{1}{10^{(-2)+(-3)}}=\frac{1}{10^{-5}}=10^5$　指数どうしを足す

問3 $\frac{1}{10^{-1}}\times\frac{1}{10^{-2}}\div 10^{-2}=\frac{1}{10^{-1}}\times\frac{1}{10^{-2}}\times\frac{1}{\boxed{}}$ 9

$=\frac{1}{10^{(-1)+(-2)+\boxed{}}}$ 10 $=\frac{1}{10^{\boxed{}}}$ 11 $=10^{\boxed{}}$ 12

---

3 $10^0=1$

指数の割り算$10^2\div 10^2$は，次のように計算することができます。

$$10^2\div 10^2=\frac{10^2}{10^2}=\frac{100}{100}=1$$

一方，割り算$10^2\div 10^2$は

$$10^2\div 10^2=10^{2-2}=10^0$$

指数どうしを引く

となります。このことから，$10^0=1$とします。

なお，$10^0=1$と同じく，$2^0=1$，$3^0=1$，$4^0=1$……です。

例 $10^3\times 10^2\div 10^5=10^{3+2-5}=10^0=1$　指数どうしの足し算・引き算

問4 $2^3\times 2^2\div 2^5=2^{3+2\boxed{}}$ 13 $=2^{\boxed{}}$ 14 $=\boxed{}$ 15

2-5

平方根とは

ルール

$\sqrt{\ }$ を根号（こんごう）といい，2乗すると2になる数を2の平方根といいます。2の平方根は$\sqrt{2}$と$-\sqrt{2}$の2つあります。

$(\sqrt{2})^2=2$　　　$(-\sqrt{2})^2=2$

2乗すると4になるある数xを考えます。

$x^2=4$

このような数xは1つだけではなく，正の数2と負の数−2の2つあります。

$2^2=4$ ← $2\times2=4$　　　$(-2)^2=4$ ← $(-2)\times(-2)=4$

次に，2乗すると2になるある数xを考えます。

$x^2=2$

このような数xも1つだけではなく，正の数と負の数の2つあります。

2乗すると2になるある数xを2の平方根といい，$+\sqrt{2}$と$-\sqrt{2}$で表します（$+\sqrt{2}$の+は省略して$\sqrt{2}$と表します）。

$(\sqrt{2})^2=2$ ← $\sqrt{2}\times\sqrt{2}=2$　　　$(-\sqrt{2})^2=2$ ← $(-\sqrt{2})\times(-\sqrt{2})=2$

なお，$\sqrt{2}$はルート2と読みます。$\sqrt{2}$を2の平方根と読んでしまうことがありますが，これは間違いです。2の平方根は$\sqrt{2}$と$-\sqrt{2}$の2つあります。

■$\sqrt{2^2}=2$の意味

$(\sqrt{2})^2=2$と同じような式に

$\sqrt{2^2}=2$

があります。この式は根号の中の数2を2乗しています。この式が正しいかどうか考えます。

式の両辺を2乗します。両辺を2乗しても=（イコール）という関係（等しい関係）は変わりません。

左辺：$(\sqrt{2^2})^2=(\sqrt{2\times2})^2=(\sqrt{4})^2=4$，右辺：$2^2=4$です。

左辺と右辺が等しくなりますので，$\sqrt{2^2}=2$という式は正しいことがわかります。先ほどの$(\sqrt{2})^2=2$というルールと合わせると，次の関係が成り立ちます。

$(\sqrt{2})^2=\sqrt{2^2}=2$

2-4 解答　❾ 10^{-2}　❿ (-2)　⓫ -5　⓬ 5　⓭ -5　⓮ 0　⓯ 1

例 $(\sqrt{3})^2=\sqrt{3^2}=\sqrt{9}=3$　　例 $(\sqrt{5})^2=\sqrt{5^2}=\sqrt{25}=5$

問1 $\sqrt{225}=\sqrt{\boxed{}^{\,2}}=\boxed{}$ 1

問2 $\sqrt{\dfrac{25}{16}}=\sqrt{\left(\boxed{\dfrac{}{}}\right)^2}=\boxed{\dfrac{}{}}$ 2

問3 $\sqrt{\left(-\dfrac{1}{2}\right)^2}=\sqrt{\left(-\dfrac{1}{2}\right)\times\left(-\dfrac{1}{2}\right)}=\sqrt{\left(\boxed{\dfrac{}{}}\right)^2}=\boxed{\dfrac{}{}}$ 3

■$\sqrt{2}$を小数で表す

$\sqrt{2}$などを小数で表すと，繰り返しのない無限に続く小数（無理数）になります。

$\sqrt{2}=1.41421356\cdots$ 覚え方：ひとよひとよにひとみごろ

$\sqrt{3}=1.7320508\cdots$ 覚え方：ひとなみにおごれや

$\sqrt{5}=2.2360679\cdots$ 覚え方：ふじさんろくおうむなく

$\sqrt{7}=2.64575\cdots$ 覚え方：なにむしいない

電気数学では小数で答えが求められることが多いので，上記の数については覚えておきましょう。それ以外の数については，次のように考えれば覚える必要はありません。

$\sqrt{1}=1$
$\sqrt{4}=2$
$\sqrt{6}=\sqrt{2}\times\sqrt{3}$
$\sqrt{8}=\sqrt{2}\times\sqrt{4}=\sqrt{2}\times 2$
$\sqrt{9}=3$

2-6

平方根の掛け算・割り算

ルール

根号の中の数どうし，根号の外の数どうしの計算をします。

① 掛け算

$3\sqrt{2}\times2\sqrt{3}=(3\times2)\sqrt{2\times3}=6\sqrt{6}$

② 割り算

$\dfrac{6\sqrt{6}}{9\sqrt{2}}=\dfrac{6}{9}\sqrt{\dfrac{6}{2}}=\dfrac{2}{3}\sqrt{3}=\dfrac{2\sqrt{3}}{3}$

1 掛け算

平方根の掛け算は，根号の中の数どうし，根号の外の数どうしを掛けます。

例 $3\sqrt{2}\times2\sqrt{3}=(3\times2)\sqrt{2\times3}=6\sqrt{6}$

根号の外の数どうしを掛ける　根号の中の数どうしを掛ける

例 $\sqrt{5}\times7\sqrt{2}=(1\times7)\sqrt{5\times2}=7\sqrt{10}$

根号の外の数どうしを掛ける　根号の中の数どうしを掛ける

問1 $3\sqrt{2}\times(-2\sqrt{3})=(3\times$ [1] $)\times\sqrt{2\times\text{[2]}}=$ [3]

上記の例の答え$6\sqrt{6}$や$7\sqrt{10}$はこれで正解ですが，根号の中の数によってはさらに簡単にできる場合があります。

例 $\sqrt{18}=\sqrt{9\times2}=\sqrt{3^2\times2}=3\times\sqrt{2}=3\sqrt{2}$　根号の中が簡単になる

$\sqrt{3^2}=3$なので，根号の外に出せる

例 $\sqrt{3}\times\sqrt{12}=\sqrt{3}\times\sqrt{4\times3}$

$=\sqrt{3}\times\sqrt{2^2\times3}=\sqrt{3}\times2\sqrt{3}=2\times(\sqrt{3})^2=2\times3=6$

$\sqrt{2^2}=2$なので，根号の外に出せる　$(\sqrt{3})^2=3$

計算の答えが出たときはそれで安心しないで，$\sqrt{\ }$（根号）がはずれないか，あるいは根号の外に出せる部分がないかに注意して確認し直すようにしてください。根号がはずれるのは，次のような場合です。

$\sqrt{4}=2$，$\sqrt{9}=3$，$\sqrt{16}=4$，$\sqrt{25}=5$，$\sqrt{36}=6$，$\sqrt{49}=7\cdots$

2-5 解答　❶15　❷$\dfrac{5}{4}$　❸$\dfrac{1}{2}$

問2 $2\sqrt{5}\times\sqrt{20}=2\sqrt{5}\times\sqrt{5\times\boxed{}^{4}}=2\sqrt{5}\times\sqrt{5\times\boxed{}^{5\,2}}$

$=2\sqrt{5}\times\boxed{}^{5}\sqrt{5}=2\times\boxed{}^{5}\times(\sqrt{5})^2$

$=\boxed{}^{6}\times 5=\boxed{}^{7}$

2 割り算

平方根の割り算は，分数に直してから掛け算と同じように根号の中の数どうし，根号の外の数どうしの計算をします。約分できるときは約分します。

根号の外の数どうしの割り算

根号の中の数どうしの割り算

例 $3\sqrt{6}\div 6\sqrt{2}=\frac{3\sqrt{6}}{6\sqrt{2}}=\frac{3}{6}\sqrt{\frac{6}{2}}=\frac{1}{2}\sqrt{3}=\frac{\sqrt{3}}{2}$

問3 $2\sqrt{5}\div\sqrt{20}=\frac{2\sqrt{5}}{\sqrt{20}}=2\sqrt{\frac{5}{20}}=2\sqrt{\boxed{\frac{}{}}^{8}}$

$=2\sqrt{\left(\boxed{\frac{}{}}^{9}\right)^2}=2\times\boxed{\frac{}{}}^{9}=\boxed{}^{10}$

■分母の有理化

計算の答えが $\frac{1}{\sqrt{2}}$ のように分母に根号を含むときは，根号を含まない数にします。これを分母を有理化するといいます。有理化するためには，分母と同じ数を分母と分子に掛けます。

分母，分子に $\sqrt{2}$ を掛けて有理化

例 $\frac{1}{\sqrt{2}}=\frac{1\times\sqrt{2}}{\sqrt{2}\times\sqrt{2}}=\frac{\sqrt{2}}{2}$

分母を整数にする

2-7

平方根の足し算・引き算

ルール

根号の中の数が同じときに計算することができ，根号の外の数どうしを足したり引いたりします。根号の中の数は変わりません。

① 足し算　$5\sqrt{3}+2\sqrt{3}=(5+2)\sqrt{3}=7\sqrt{3}$

② 引き算　$5\sqrt{3}-2\sqrt{3}=(5-2)\sqrt{3}=3\sqrt{3}$

掛け算・割り算では，根号の外の数どうし，中の数どうしで計算するというルールがありましたが，足し算・引き算では計算することができるかどうかの前提となる条件があります。

それは，「根号の中の数が同じ場合」ということで，これをきちんと見極めないと混乱してしまいます。

例 $3\sqrt{2}+2\sqrt{2}=(3+2)\sqrt{2}=5\sqrt{2}$

根号の中の数が同じ　根号の外の数どうしを足す

例 $5\sqrt{2}-3\sqrt{2}=(5-3)\sqrt{2}=2\sqrt{2}$

根号の中の数が同じ　根号の外の数どうしを引く

例 $\sqrt{3}+\sqrt{3}=(1+1)\sqrt{3}=2\sqrt{3}$

根号の中の数が同じ　根号の外の数どうしを足す（$\sqrt{3}$ は $1\sqrt{3}$ の1を省略）

■根号の中の数が大きいときの注意点

$2\sqrt{24}-\sqrt{3}+3\sqrt{24}$ を計算します。ふつうに計算すると，

$$2\sqrt{24}-\sqrt{3}+3\sqrt{24}=(2+3)\sqrt{24}-\sqrt{3}=5\sqrt{24}-\sqrt{3}$$

となりますが，$5\sqrt{24}$ の $\sqrt{24}$ に注目してください。

$$\sqrt{24}=\sqrt{4\times6}=\sqrt{2^2\times6}=2\sqrt{6}$$

根号をはずして外に出せる

となり，根号の中を簡単にすることができます。

48ページでも述べましたが，答えが出ても安心しないで，根号の中を簡単にできないか，注意してください。

上の計算は，次のようになります。

2-6 解答　❹4　❺2　❻4　❼20　❽$\frac{1}{4}$　❾$\frac{1}{2}$　❿1

$$2\sqrt{24}-\sqrt{3}+3\sqrt{24}=5\sqrt{24}-\sqrt{3}=5\times\sqrt{4\times 6}-\sqrt{3}$$
$$=5\times\sqrt{2^2\times 6}-\sqrt{3}=5\times 2\sqrt{6}-\sqrt{3}=10\sqrt{6}-\sqrt{3}$$

根号をはずして外に出せる

根号の中の数が同じ

例 $\sqrt{3}+\sqrt{12}=\sqrt{3}+\sqrt{4\times 3}=\sqrt{3}+\sqrt{2^2\times 3}=\sqrt{3}+2\sqrt{3}$

根号をはずして外に出せる

根号の外の数どうしを足す

$$=(1+2)\sqrt{3}=3\sqrt{3}$$

問1 $\sqrt{3}-\sqrt{12}=\sqrt{3}-\sqrt{\boxed{}^{1}\times 3}=\sqrt{3}-\sqrt{\boxed{}^{2}{}^2\times 3}$

$$=\sqrt{3}-\boxed{}^{2}\sqrt{3}=\boxed{}^{3}$$

問2 $\dfrac{2}{\sqrt{3}}+\dfrac{\sqrt{3}}{3}=\dfrac{2\times\sqrt{3}}{\sqrt{3}\times\sqrt{3}}+\dfrac{\sqrt{3}}{3}=\dfrac{2\sqrt{3}}{3}+\dfrac{\sqrt{3}}{3}=\dfrac{\boxed{}^{4}\sqrt{3}}{3}=\boxed{}^{5}$

つまずくのはここだ!

平方根の足し算や引き算では，次のような計算が多く見られます。

$\sqrt{2}+\sqrt{3}=\sqrt{2+3}=\sqrt{5}$ （間違った計算）

$\sqrt{5}-\sqrt{3}=\sqrt{5-3}=\sqrt{2}$ （間違った計算）

これは，「根号の中の数が同じ場合」という前提を無視しているために生じる誤りです。このような問題が出題されることはありませんが，計算の途中でうっかり同様の間違いを犯してしまうことがあるので注意してください。

次のような誤りもよく見掛けます。

$\sqrt{2}+\sqrt{2}=\sqrt{2+2}=\sqrt{4}=2$ （間違った計算）

$\sqrt{2}+\sqrt{2}=1\sqrt{2}+1\sqrt{2}=(1+1)\sqrt{2}=2\sqrt{2}$ （正しい計算）

$\sqrt{2}=1\sqrt{2}$ なので根号の外の数は1

2-8

接頭語

ルール

電気では，1000000Ωのような大きな数や0.000001 Aのような小さな数を扱います。大きな数を表すときにはk（キロ）やM（メガ），小さな数を表すときにはm（ミリ）やμ（マイクロ）のような接頭語を使うことがよくあります。

■よく使う接頭語

数　　値	接　頭　語	指　数
1000 000 000 000	T（テラ）	10^{12}
1000 000 000	G（ギガ）	10^{9}
1000 000	M（メガ）	10^{6}
1000	k（キロ）	10^{3}
$\frac{1}{10}$ （=0.1）	d（デシ）	$10^{-1}\left(=\frac{1}{10^{1}}\right)$
$\frac{1}{100}$ （=0.01）	c（センチ）	$10^{-2}\left(=\frac{1}{10^{2}}\right)$
$\frac{1}{1000}$ （=0.001）	m（ミリ）	$10^{-3}\left(=\frac{1}{10^{3}}\right)$
$\frac{1}{1000000}$ （=0.000001）	μ（マイクロ）	$10^{-6}\left(=\frac{1}{10^{6}}\right)$
$\frac{1}{1000000000}$ （=0.000000001）	n（ナノ）	$10^{-9}\left(=\frac{1}{10^{9}}\right)$
$\frac{1}{1000000000000}$ （=0.000000000001）	p（ピコ）	$10^{-12}\left(=\frac{1}{10^{12}}\right)$

接頭語は「つける」ことや「はずす」ことがありますが，その主なものは次の4つです。

①k（キロ）のような大きな数を表すときの接頭語のはずし方
②m（ミリ）のような小さな数を表すときの接頭語のはずし方
③k（キロ）のような大きな数を表すときの接頭語のつけ方
④m（ミリ）のような小さな数を表すときの接頭語のつけ方

次節からは，これらについて解説していきます。

2-7 解答　❶4　❷2　❸$-\sqrt{3}$　❹3　❺$\sqrt{3}$

2-9

k（キロ）のはずし方

ルール

10 kΩが何Ωであるかを求めるときは，1000倍して接頭語k（キロ）をはずします。

$10\,k\Omega = 10 \times 1000\,\Omega = 10000\,\Omega$

抵抗10 kΩが何Ωであるかを計算します。接頭語k（キロ）をはずすことで求められますが，k（キロ）は1000倍を表すため，10Ωを1000倍する，すなわち小数点の位置を右に3桁移します。

例 $10\,k\Omega = 10 \times 1000\,\Omega = 10000\,\Omega$　k（キロ）は1000倍を表す

1 0.0 0 0.kΩ＝10000Ω　右に3桁移す

■指数を使った計算

100 kmが何mであるかを指数を使って計算します。

例 $100\,km = 100 \times 1000\,m = 10^2 \times 10^3\,m = 10^{2+3}\,m$

100は指数で表すと10^2　1000は指数で表すと10^3　k（キロ）は1000倍を表す　指数どうしを足す

$= 10^5\,m = 100000\,m$

問 0.01 kVは何Vか。

$0.01\,kV = 0.01 \times 1000\,V = 10^{\boxed{1}} \times 10^3\,V$

$= 10^{(\boxed{1})+3}\,V = 10^{\boxed{2}}\,V = \boxed{3}\,V$

2-10

m（ミリ）のはずし方

ルール

10 mAが何Aであるかを求めるときは，0.001倍して接頭語m（ミリ）をはずします。

10 mA＝10×0.001 A＝0.01 A

電流10 mAが何Aであるかを計算します。接頭語m（ミリ）をはずすことで求められますが，m（ミリ）は0.001倍を表すため，10 Aを0.001倍する，すなわち小数点の位置を左に3桁移します。

例 10 mA＝10×0.001 A＝0.01 A　（m（ミリ）は0.001倍を表す）

0.010. mA＝0.01 A　（左に3桁移す）

■指数を使った計算

100 mmが何mであるかを指数を使って計算します。

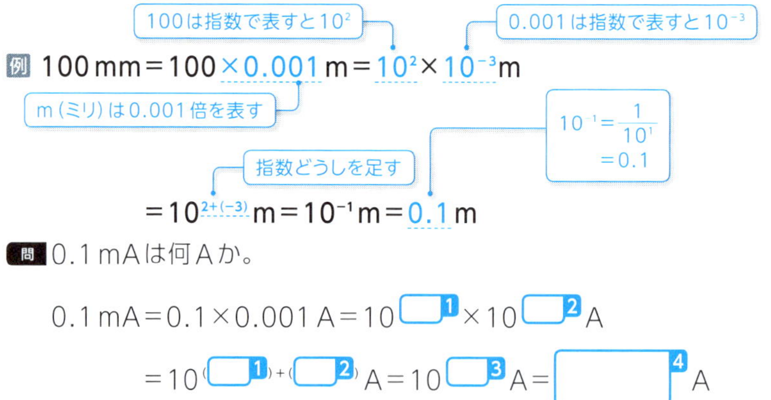

問 0.1 mAは何Aか。

0.1 mA＝0.1×0.001 A＝$10^{\boxed{1}}\times10^{\boxed{2}}$A

＝$10^{(\boxed{1})+(\boxed{2})}$A＝$10^{\boxed{3}}$A＝$\boxed{\quad 4 \quad}$A

2-9解答 ❶−2 ❷1 ❸10

2-11

k（キロ）のつけ方

ルール

20Ωが何kΩであるかを求めるときは，接頭語k（キロ）をつけるための計算をします。

$$20\Omega = 20 \times \frac{1}{1000} \times 1000\Omega = 0.02\,\text{k}\Omega$$

接頭語k（キロ）をつけるためには，「×1000」という部分をつくる必要があります（k（キロ）は1000倍を表す）。ただ「×1000」としたのでは，単純に数値が1000倍になってしまうため，同時に$\frac{1}{1000}$を掛けます。

例 $20\Omega = 20 \times \frac{1}{1000} \times 1000\,\Omega = 20 \times \frac{1}{1000}\,\text{k}\Omega = \frac{20}{1000}\,\text{k}\Omega$

×1000とするために掛ける　1000Ω＝1kΩ　ここに注意

$= 0.02\,\text{k}\Omega$

■指数を使った計算

100mが何kmであるかを指数を使って計算します。

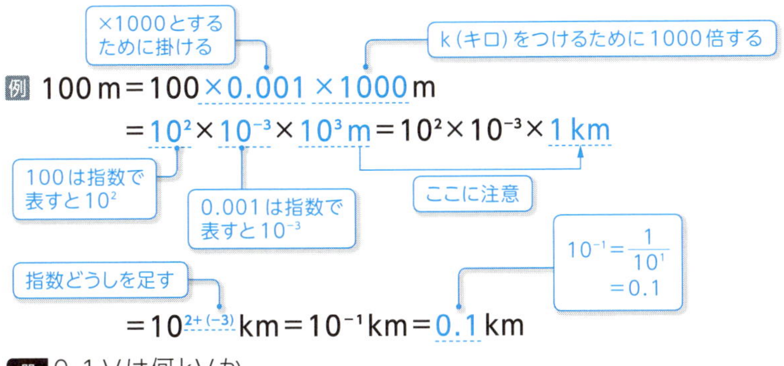

例 $100\,\text{m} = 100 \times 0.001 \times 1000\,\text{m}$

$= 10^2 \times 10^{-3} \times 10^3\,\text{m} = 10^2 \times 10^{-3} \times 1\,\text{km}$

$= 10^{2+(-3)}\,\text{km} = 10^{-1}\,\text{km} = 0.1\,\text{km}$

問 0.1Vは何kVか。

$0.1\,\text{V} = 0.1 \times$ [1] $\times 1000\,\text{V} = 10^{-1} \times 10^{[\ 2\ ]} \times 10^3\,\text{V}$

$= 10^{(-1)+([\ 2\ ])}\,\text{kV} = 10^{[\ 3\ ]}\,\text{kV} =$ [4] kV

2-10 解答　❶−1　❷−3　❸−4　❹0.0001

2-12

m（ミリ）のつけ方

ルール

2Aが何mAであるかを求めるときは，接頭語m（ミリ）をつけるための計算をします。

$$2\,A = 2 \times 1000 \times \frac{1}{1000}\,A = 2000\,mA$$

接頭語k（キロ）をつけるときと同じ考え方で，接頭語m（ミリ）をつけるためには，「$\times\frac{1}{1000}$」という部分をつくる必要があります（m（ミリ）は0.001倍を表す）。ただ「$\times\frac{1}{1000}$」としたのでは，単純に数値が1000分の1になってしまうため，同時に1000を掛けます。

例 $2\,A = 2 \times 1000 \times \frac{1}{1000}\,A = 2 \times 1000\,mA = 2000\,mA$

$\times\frac{1}{1000}$とするために掛ける

$\frac{1}{1000}\,A = 1\,mA$

ここに注意

■指数を使った計算

0.01 mが何mmであるかを指数を使って計算します。

×0.001とするために掛ける

m（ミリ）をつけるために0.001倍する

例 $0.01\,m = 0.01 \times 1000 \times 0.001\,m$

$= 10^{-2} \times 10^{3} \times 10^{-3}\,m = 10^{-2} \times 10^{3} \times 1\,mm$

0.01は指数で表すと10^{-2}

1000は指数で表すと10^{3}

ここに注意

$= 10^{(-2)+3}\,mm = 10^{1}\,mm = 10\,mm$

指数どうしを足す

2-11 解答　❶0.001　❷−3　❸−4　❹0.0001

問1 100 Aは何mAか。

$100\,\text{A} = 100 \times 1000 \times 0.001\,\text{A} = 10^2 \times 10^3 \times 10^{\boxed{}^{1}}\,\text{A}$

$= 10^2 \times 10^{\boxed{}^{2}}\,\text{mA} = 10^{2+\boxed{}^{2}}\,\text{mA}$

$= 10^{\boxed{}^{3}}\,\text{mA} = \boxed{}^{4}\,\text{mA}$

問2 0.0001 Aは何mAか。

$0.0001\,\text{A} = 0.0001 \times 1000 \times 0.001\,\text{A}$

$= 10^{\boxed{}^{5}} \times 10^3 \times 10^{\boxed{}^{6}}\,\text{A}$

$= 10^{\boxed{}^{5}} \times 10^{\boxed{}^{7}}\,\text{mA}$

$= 10^{(\boxed{}^{5}) + \boxed{}^{7}}\,\text{mA}$

$= 10^{\boxed{}^{8}}\,\text{mA} = \boxed{}^{9}\,\text{mA}$

つまずくのはここだ！

前述したように，2 Aが何mAであるかを計算するときには，2 Aを1000倍して求めることができます。このとき，小数点は右に3桁移します。

2 A＝2×1000×0.001＝2000 mA

2.000. A＝2000 mA

接頭語m（ミリ）をつけるとき，小数点の位置を左に3桁ずらしてしまう人がいますが，これまでの解説を参考に，右に3桁ずらすことの意味をよく考えてください。

2-13

4 mm² は何 m² か?

ルール

① $4\,mm^2 = 4 \times 10^{-6}\,m^2$　② $4\,cm^2 = 4 \times 10^{-4}\,m^2$

1 $4\,mm^2 = 4 \times 10^{-6}\,m^2$

4 mm²は何 m²（平方メートル）か。この問題は，図Aのような正方形の面積が4 mm²になるときの一辺の長さを考えるとわかります。

図Aより，一辺の長さが2 mmのとき，面積が4 mm²になります。

正方形の面積＝2 mm×2 mm＝4 mm²

一方，2 mmは$2 \times \frac{1}{1000}\,m = 2 \times 10^{-3}\,m$です。図Bのように一辺の長さを$2 \times 10^{-3}\,m$として正方形の面積を計算してみます。

$$正方形の面積 = (2 \times 10^{-3})\,m \times (2 \times 10^{-3})\,m$$
$$= 2 \times 2 \times 10^{-3} \times 10^{-3}\,m^2$$

指数どうしを足す

$$= 4 \times 10^{(-3)+(-3)}\,m^2 = 4 \times 10^{-6}\,m^2$$

以上より，$4\,mm^2 = 4 \times 10^{-6}\,m^2$であることがわかります。

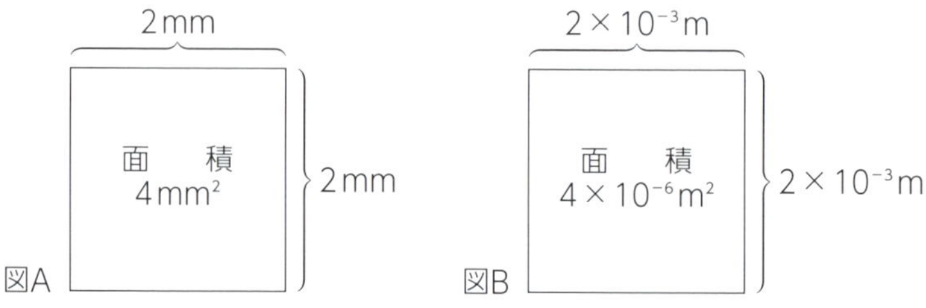

問1 25 mm²は何 m²か。

25 mm²＝（［1］×10^［2］）m×（［1］×10^［2］）m

＝［3］×10^［4］ m²

2-12 解答 ❶−3 ❷3 ❸5 ❹100000 ❺−4 ❻−3 ❼3 ❽−1 ❾0.1

2 $4\,\mathrm{cm}^2 = 4 \times 10^{-4}\,\mathrm{m}^2$

$4\,\mathrm{cm}^2$は何m^2（平方メートル）か。この問題は，❶と同様，図Cのような正方形の面積が$4\,\mathrm{cm}^2$になるときの一辺の長さを考えるとわかります。

図Cより，一辺の長さが$2\,\mathrm{cm}$のとき，正方形の面積が$4\,\mathrm{cm}^2$になります。

正方形の面積$= 2\,\mathrm{cm} \times 2\,\mathrm{cm} = 4\,\mathrm{cm}^2$

一方，$2\,\mathrm{cm}$は$2 \times \frac{1}{100}\,\mathrm{m} = 2 \times 10^{-2}\,\mathrm{m}$です。図Dのように一辺の長さを$2 \times 10^{-2}\,\mathrm{m}$として正方形の面積を計算してみます。

正方形の面積$= (2 \times 10^{-2})\,\mathrm{m} \times (2 \times 10^{-2})\,\mathrm{m}$

$= 2 \times 2 \times 10^{-2} \times 10^{-2}\,\mathrm{m}^2 = 4 \times 10^{(-2)+(-2)}\,\mathrm{m}^2$

$= 4 \times 10^{-4}\,\mathrm{m}^2$　指数どうしを足す

以上より，$4\,\mathrm{cm}^2 = 4 \times 10^{-4}\,\mathrm{m}^2$であることがわかります。

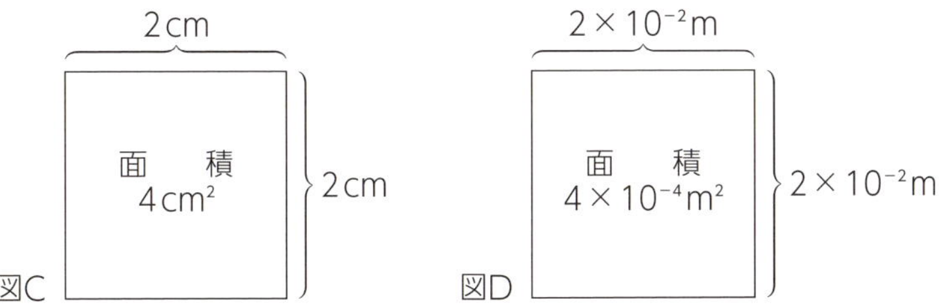

問2 $25\,\mathrm{cm}^2$は何m^2か。

$25\,\mathrm{cm}^2 = ($ [5] $\times 10^{[\ 6\ ]})\,\mathrm{m} \times ($ [5] $\times 10^{[\ 6\ ]})\,\mathrm{m}$

$=$ [7] $\times 10^{[\ 8\ ]}\,\mathrm{m}^2$

• COLUMN •

分数に直せる小数，直せない小数

分数$\frac{1}{2}$を小数に直すと0.5になります。また，分数$\frac{1}{3}$や$\frac{1}{7}$を小数に直すと

$\frac{1}{3}=0.333\cdots$　（同じ数3を繰り返す）

$\frac{1}{7}=0.142857142857142857\cdots$　（同じ数142857を繰り返す）

になります。

このように分数を小数に直したときには，割り切れる（有限小数）ときと割り切れないときがあります。

そして，割り切れないときは同じ数を繰り返しています（循環小数）。

分数を小数に直したときには，有限小数か循環小数のどちらかになります。逆にいうと，有限小数か循環小数は分数に直すことができます。

有限小数に対する小数を無限小数といいます。循環小数は無限小数の1つですが，無限小数には同じ数を繰り返さない小数（無理数）があります。

たとえば，

円周率$\pi=3.1415926535\cdots$

$\sqrt{2}=1.41421356\cdots$

$\sqrt{3}=1.7320508\cdots$

$\sqrt{5}=2.2360679\cdots$

$\sqrt{7}=2.64575\cdots$

などですが，これらは数が循環していません。

このような循環しない無限小数は，分数に直すことはできません。

〈循環小数の表し方〉

$0.333\cdots=0.\dot{3}$

$0.142857142857142857\cdots=0.\dot{1}4285\dot{7}$

2-13 解答　❺5　❻−2　❼25　❽−4

CHAPTER

3

文字式の計算

第３章の内容

いうまでもないことですが，公式はとても重要です。
公式は文字式で表されることが多くあります。
そのため，文字式の計算がわからないと，なかなか
電気数学の問題が解けるようにはなりません。
文字式には，単項式，多項式，分数式があります。そして，それぞれの
文字式の計算には，足し算・引き算・掛け算・割り算があります。
第３章では，文字式の決まりごとと四則計算について取り上げます。

3-1

文字式の種類

ルール

- 文字式
  - 整式
    - **単項式：数や文字の掛け算で表される式**
      例　$2a$, $2ab$, $-3b$, $\frac{2}{3}a$
    - **多項式：単項式の和の形で表される式**
      例　$a+b$, $a-3b-2$, $\frac{2a+b}{2}$
  - **分数式：分母に文字を含む式**
    例　$\frac{2}{a}$, $\frac{2b}{3a}$, $\frac{2a}{2a+b}$　※）$\frac{a}{2}$は分数式ではなく単項式

a, b, xなどの文字を含んでいる式を文字式といいます。文字式の表記は数が一番前で，あとはアルファベット順になります。

$2a+3b$の$2a$や$3b$を項といいます。文字式には，ルールにあるように単項式と多項式，分数の形をした分数式があります。

整式の計算としては，①単項式どうし，②単項式と多項式，③多項式どうしの３種類がありますが，分数式の計算については第４章で解説します。

■同類項

$2a+3a$は，文字の前の数は異なりますが，文字の部分はどちらも同じ「a」です。このように文字の部分が同じである項を同類項といいます。

68～71ページで詳しく解説しますが，同類項どうしなら足し算・引き算ができます。そうでないときには足し算・引き算はできません。

例　a　$3a$　$17a$　$41a$ ← 文字の部分が同じ→同類項→足し算・引き算ができる

例　$17a$　$21b$ ← 文字の部分が違う→同類項ではない→足し算・引き算はできない

例　a　$3a$　$21b$　$35b$ ← aと$3a$は同類項，$21b$と$35b$は同類項→それぞれの足し算・引き算はできる

問　$2a$, $2ab$, $3b$, $5ab$のうち同類項は$2ab$と［　　］1

3-2
文字式の係数

ルール

① $3\times a=3a$　　$1\times a=a$

② $\frac{1}{3}a=\frac{a}{3}$　　③ $-\frac{1}{3}a=\frac{-1a}{3}=\frac{1}{-3}a=-\frac{a}{3}=\frac{-a}{3}=\frac{a}{-3}$

単項式$3a$の数「3」をaの係数といいます。

例 $5a$ ← 係数は5　　$-2a$ ← 係数は−2　　$0.5a$ ← 係数は0.5

係数については，次のようなルールがあります。

■×と1，−1の省略

$3a$は，$3\times a$の記号×を省略しています。掛け算の記号×は省略することができます。足し算，引き算，割り算の記号+，−，÷は省略できません。

また，$1a$，$-1a$の1も省略することができます。

$1\times a=1a=a$　　$-1\times a=-1a=-a$ ← 1も×も省略

問1 $a\times 7\times b=$ [1]　　問2 $-1\times a\times b\times c=$ [2]

■係数が分数のときの表し方

係数が$\frac{1}{3}$などの分数のときは，次のようにも表せます。

$\frac{1}{3}a=\frac{a}{3}$ ← $\frac{1}{3}a\neq\frac{1}{3a}$

また，分数に−（マイナス）の符号がついているときは，次のようにも表せます。

例 $-\frac{1}{3}a=\frac{-1a}{3}=\frac{1}{-3}a=-\frac{a}{3}=\frac{-a}{3}=\frac{a}{-3}$ ← −（マイナス）がどこについていても同じ

−（マイナス）の符号の位置については戸惑う人が多いので，このことを覚えておいてください。

3-3

文字式の決まりごと

ルール

⟨1⟩ $a^2\times a^3=a^{2+3}$　⟨2⟩ $a^5\div a^3=a^{5-3}$

⟨3⟩ $(a^2)^3=a^{2\times 3}$　⟨4⟩ $(ab)^3=a^3b^3$

⟨5⟩ $\left(\dfrac{a}{b}\right)^3=\dfrac{a^3}{b^3}$　⟨6⟩ $\dfrac{1}{a^2}=a^{-2}$

第２章で指数の計算について解説していますが，ここでは文字式の決まりごとをまとめておきます。

1 $a^2\times a^3=a^{2+3}$

$a^2\times a^3=(a\times a)\times(a\times a\times a)=a\times a\times a\times a\times a=a^5$　より，

$a^2\times a^3=a^{2+3}=a^5$　指数どうしを足す

問1 $a\times a^4=a^{\boxed{1}}$　**問2** $a\times a^2\times a^3=a^{\boxed{2}}$

2 $a^5\div a^3=a^{5-3}$

$a^5\div a^3=\dfrac{a^5}{a^3}=\dfrac{a\times a\times a\times a\times a}{a\times a\times a}=a\times a=a^2$　より，

$a^5\div a^3=a^{5-3}=a^2$　指数どうしを引く

問3 $a^7\div a^3=a^{\boxed{3}}$　**問4** $a^5\div a^2\div a=a^{\boxed{4}}$

3 $(a^2)^3=a^{2\times 3}$

$(a^2)^3=a^2\times a^2\times a^2=a\times a\times a\times a\times a\times a=a^6$　より，

$(a^2)^3=a^{2\times 3}=a^6$　指数どうしを掛ける

問5 $(a^3)^4=a^{\boxed{5}}$　**問6** $((-a)^2)^3=a^{\boxed{6}}$

3-2 解答　❶ $7ab$　❷ $-abc$

4 $(ab)^3=a^3b^3$

$(ab)^3=ab\times ab\times ab=a\times a\times a\times b\times b\times b=a^3b^3$　より，

$(ab)^3=a^3b^3$ ← それぞれの項に指数をつける

問7 $(a^2b)^3=a^{\boxed{7}}b^{\boxed{8}}$　　問8 $(-ab^2)^3=-a^{\boxed{9}}b^{\boxed{10}}$

5 $\left(\frac{a}{b}\right)^3=\frac{a^3}{b^3}$

$\left(\frac{a}{b}\right)^3=\frac{a}{b}\times\frac{a}{b}\times\frac{a}{b}=\frac{a\times a\times a}{b\times b\times b}=\frac{a^3}{b^3}$　より，

$\left(\frac{a}{b}\right)^3=\frac{a^3}{b^3}$ ← 分母，分子に指数をつける

問9 $\left(\frac{a}{b}\right)^5=\frac{a^{\boxed{11}}}{b^5}$　　問10 $\left(-\frac{a}{b}\right)^3=-\frac{a^{\boxed{12}}}{b^3}$

6 $\frac{1}{a^2}=a^{-2}$

$a^3\div a^5$は，分数に直して次のように計算することができます。

$$a^3\div a^5=\frac{a^3}{a^5}=\frac{a\times a\times a}{a\times a\times a\times a\times a}=\frac{1}{a\times a}=\frac{1}{a^2}$$

一方，$a^3\div a^5$を❷のルールを用いて計算すると，$a^3\div a^5=a^{3-5}=a^{-2}$となります。このことから，$\frac{1}{a^2}=a^{-2}$がいえます。

問11 $\frac{1}{a^3}\times a^{-3}=a^{\boxed{13}}\times a^{-3}=a^{\boxed{14}+(-3)}=a^{\boxed{15}}$

つまずくのはここだ！

$a\times a=a^2$，$a+a=2a$です。これをあわてて$a\times a=2a$，$a+a=a^2$のように誤って計算してしまうことがあるので注意してください。また，ab^2と$(ab)^2$が同じであると勘違いしてしまうことがあるのでこれも要注意です。

3-3 解答　❶5　❷6　❸4　❹2　❺12　❻6

3-4

かっこをはずす・かっこをつける

ルール

かっこがある場合は，かっこの外の数（文字）をかっこの中のそれぞれの数（文字）に掛けます。

〈1〉 $3(a+2)=3a+6$　〈2〉 $-3(a+2)=-3a-6$

■かっこをはずす

文字式の計算では「かっこのはずし方」がとても重要です。加減乗除のすべてに関わることですので，それぞれの計算に入る前に整理しておきます。

①$3(a+2)$のかっこのはずし方

63ページで$3a$は$3\times a$の記号×を省略しているといいましたが，この式も同じように3と$(a+2)$の間に×が省略されています。

$3(a+2)=3\times(a+2)$　×を省略

この式は$(a+2)$を3倍することを意味するので，解き方としてはかっこの中の数（文字）のそれぞれに3を掛けます。

$3(a+2)=3\times a+3\times 2=3a+6$　aと2に3を掛ける

②$-3(a+2)$のかっこのはずし方

かっこのはずし方は①と同じですが，かっこの外の数の符号が－（マイナス）であることに注意してください。

aと2に－3を掛ける→符号が変わる

$-3(a+2)=(-3)\times a+(-3)\times 2=-3a-6$

③$-(a+2)$のかっこのはずし方

考え方は②と同じですが，－と$(a+2)$の間に，1と×が省略されていることに注意してください。

aと2に－1を掛ける

$-(a+2)=(-1)\times a+(-1)\times 2=-a-2$

このように，かっこをはずすときは（　）の前の符号に注意してください。

問1 $-5(3-a)=-15$ [+ or −]**1** $5a$

問2 $-(-a-3)=a$ [+ or −]**2** 3

（**1** **2**は+か−を選ぶ）

3-3 解答　❼6　❽3　❾3　❿6　⓫5　⓬3　⓭−3　⓮(−3)　⓯−6

■かっこをつける

電気数学では，「かっこをつけて計算する」ということがポイントになる場合があります。そのことを，合成抵抗の例を用いて説明します。

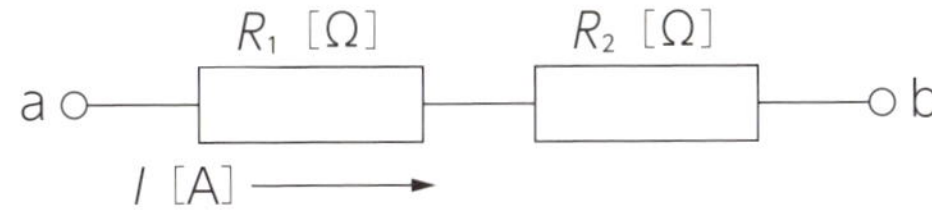

2つの抵抗R_1［Ω］とR_2［Ω］を直列に接続したときの合成抵抗R［Ω］は，

合成抵抗$R=R_1+R_2$

この段階では，かっこをつける必要はありません。

次に，この回路に電流I［A］を流したときのa-b間の電圧V［V］を計算します。これは，次のように計算できます。

a-bの電圧$V=R\times I=(R_1+R_2)\times I$　R_1+R_2にかっこをつける

この式を立てるときにかっこをつけないと，正しい計算はできません。

$V=R_1+R_2\times I=R_1+R_2I$　（間違った計算）

68ページ以降では「かっこをつけて計算」という注意書きがでてきますが，これは式を立てる場合や，計算の途中で通分する場合などにあてはまります。

2つの抵抗R_1［Ω］とR_2［Ω］を並列に接続したときの合成抵抗R［Ω］は，下のように計算します。割り算に直して計算する場合，かっこをつけ忘れる人がいますが，それでは正しい計算はできません。

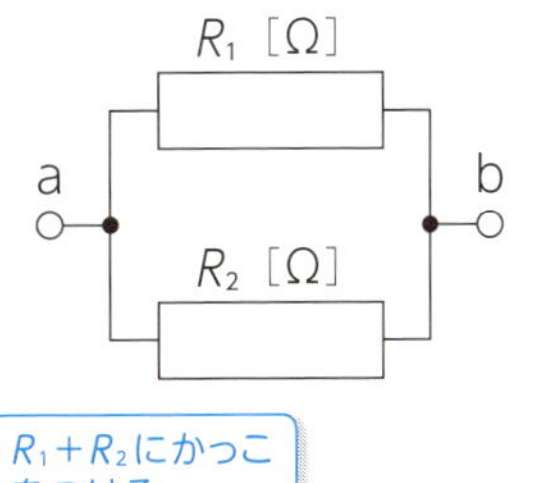

R_1+R_2にかっこをつける

$$R=\frac{R_1\times R_2}{R_1+R_2}=R_1\times R_2\div(R_1+R_2)$$（正しい計算）

$$R=\frac{R_1\times R_2}{R_1+R_2}=R_1\times R_2\div R_1+R_2$$（間違った計算）

かっこをつけないと意味が違ってしまいます。

3-5

文字式の足し算

ルール

〈1〉 同類項どうしの計算をします。

$3a+2a=5a$

〈2〉 多項式にはかっこをつけて計算します。

$2a+(3a-b)=5a-b$

1 同類項の計算

62ページで述べたように，$2a$，$3a$のように文字の部分が同じである項を同類項といいます。文字式の足し算は，同類項の係数どうしを足します。

例 $3a+2a=(3+2)a=5a$ ← aはそのまま書く　同類項の係数を足す

例 $5a+3a+2b+b=(5+3)a+(2+1)b=8a+3b$ ← 同類項の係数を足す

例 $a+2b$ ← 同類項がないので，これ以上計算できない

問1 $5a+5b+2a+3b=(5+$ [1] $)a+(5+$ [2] $)b$

$=$ [3] $a+$ [4] b

問2 $12a+(-2b)+(-6a)+3b=(12-$ [5] $)a+\{$ [6] $+3\}b$

$=$ [7] $a+$ [8]

2 多項式を含む計算

多項式を含む式の足し算は，多項式にかっこをつけてから計算します。

例 $2a+(3a-b)=2a+3a-b=(2+3)a-b=5a-b$ ← かっこをつける　同類項の係数を足す

足し算では，かっこをつけなくても答えは同じになりますが，引き算・掛け算・割り算ではかっこをつけるため，意識してかっこをつける習慣をつけてください。

■係数が分数の場合

係数が分数の足し算は，分母が同じときは分子どうしを足します。分母が異なるときには通分してから計算します。これは引き算の場合も同じです。

例 $\frac{1}{3}x+\frac{2x+y}{2}=\frac{x}{3}+\frac{2x+y}{2}=\frac{x\times2}{3\times2}+\frac{(2x+y)\times3}{2\times3}=\frac{2x}{6}+\frac{3(2x+y)}{6}$

$=\frac{2x+6x+3y}{6}=\frac{(2+6)x+3y}{6}=\frac{8x+3y}{6}$

（$\frac{1}{3}x=\frac{x}{3}$）（分母が異なる）（6で通分）（かっこをつける）（両方に掛ける）（同類項の係数を足す）

問3 $x+(2x-y)=x+2x-y=($ □9 $+2)x-y=$ □10 $x-y$

問4 $(4x-y)+(2x+3y)=4x-y+2x+3y$

$=(4+$ □11 $)x+\{$ □12 $+3\}y$

$=$ □13 $x+$ □14 y

問5 $-\frac{1}{3}x+\frac{2x+2y}{9}=\frac{\square_{15}}{3}+\frac{2x+2y}{9}=\frac{\square_{16}}{9}+\frac{2x+2y}{9}$

$=\frac{\square_{16}+2x+2y}{9}=\frac{\{\square_{17}+2\}x+2y}{9}$

$=\frac{\square_{18}+2y}{9}$

あわてて，「同類項の係数どうしを足す」というルールを無視して計算してしまうことがありますが，それでは正しい計算ができません。

$2+2a=4a$　　$1+2a=3$　（間違った計算）

どちらも，同類項がないのでこれ以上計算できない

3-5 解答　❶2　❷3　❸7　❹8　❺6　❻(−2)　❼6　❽b

3-6

文字式の引き算

ルール

⟨1⟩ 同類項どうしの計算をします。
$3a-2a=a$

⟨2⟩ 多項式にはかっこをつけて計算します。
$2a-(3a-b)=-a+b$

1 同類項の計算

文字式の引き算は，足し算と同じく同類項の係数どうしの計算をします。

例 $3a-2a=(3-2)a=1a=a$

同類項の係数を引く　1を省略

問1 $5a-(-5a)=(5+\boxed{}^{1})a=\boxed{}^{2}a$

問2 $(-12a)-(-6a)=\{(-12)+\boxed{}^{3}\}a=\boxed{}^{4}a$

問3 $\left(-\frac{a}{5}\right)-\frac{3a}{2}+\left(-\frac{2a}{3}\right)=\left(-\frac{a\times6}{5\times6}\right)-\frac{3a\times\boxed{}^{5}}{2\times\boxed{}^{5}}+\left(-\frac{2a\times10}{3\times10}\right)$

$=-\frac{6}{30}a-\boxed{\frac{}{}}^{6}a-\frac{20}{30}a=\left(-\frac{6}{30}-\boxed{\frac{}{}}^{6}-\frac{20}{30}\right)a=\boxed{\frac{}{}}^{7}a$

2 多項式を含む計算

多項式を含む式の引き算は，多項式にかっこをつけてから計算します。

1と×が省略されている　かっこをつける

例 $2a-(3a-b)=2a-3a+b=(2-3)a+b=-a+b$

両方に掛ける　同類項の係数を引く

3-5 解答 ❾1 ❿3 ⓫2 ⓬(−1) ⓭6 ⓮2 ⓯$-x$ ⓰$-3x$ ⓱(−3) ⓲$-x$

例 $(2a-b)-(a-b)=2a-b-a+b=(2-1)a+(-1+1)b=a$

かっこをつける　1と×が省略されている　両方に掛ける　同類項の係数を引く

66ページでも述べましたが，かっこの前の符号が－（マイナス）の場合は，かっこをはずす計算に注意してください。かっこの中の符号が変わります。

問4 $5x-(2x-3y)=5x-2x$ [+ or －]8 $3y=(5-2)x$ [+ or －]8 $3y$

$=3x$ [+ or －]8 $3y$　（8は＋か－を選ぶ）

問5 $\frac{2}{3}x-\frac{x-y}{4}=\frac{\boxed{}^{9}x}{12}-\frac{\boxed{}^{10}(x-y)}{12}$

$=\frac{\boxed{}^{9}x-\boxed{}^{10}x\ [+\text{ or }-]^{11}\ 3y}{12}$

$=\frac{\boxed{}^{12}x\ [+\text{ or }-]^{11}\ 3y}{12}$　（11は＋か－を選ぶ）

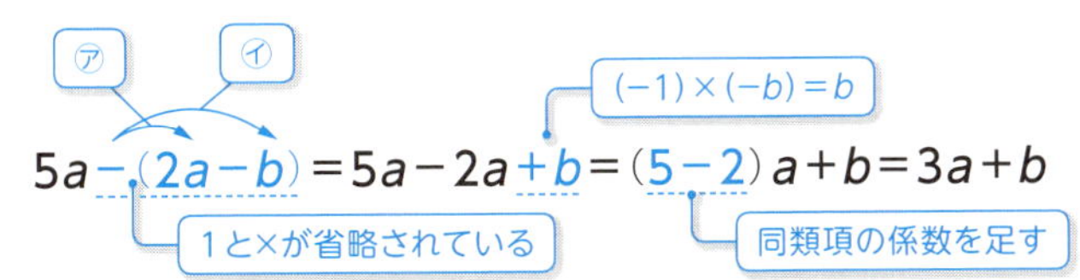

文字式の引き算では，かっこの部分の計算を誤ると正しい答えを導くことができません。

この場合，㋐と㋑を計算するわけですが，㋐の（−1）×2aだけを計算をして，㋑の（−1）×（−b）の計算を忘れてしまうことがあるので注意してください。かっこをつけて計算しても，㋑の計算を忘れてしまうと正しい答えを導くことはできません。

3-6 解答　❶5　❷10　❸6　❹−6　❺15　❻$\frac{45}{30}$　❼$-\frac{71}{30}$ $\left(\frac{-71}{30}\right)$

3-7

文字式の掛け算（1）

ルール

①係数どうし，文字どうしを掛けます。

$3a\times2b=6ab$

②多項式にはかっこをつけて計算します。

$2a\times(3a-b)=6a^2-2ab$

③多項式どうしの掛け算では，すべての項を掛け合わせます。

$(ax+b)(cx+d)$
$=acx^2+adx+bcx+bd$
$=acx^2+(ad+bc)x+bd$

1 係数どうし，文字どうしの計算

文字式の掛け算は，係数は係数どうし，文字は文字どうしを掛け合わせます。

例 $3a\times2b=3\times a\times2\times b=3\times2\times a\times b=6\times ab=6ab$

（3×2：係数どうしを掛ける，$a\times b$：文字どうしを掛ける）

問1 $5a\times5b=5\times$ [1] $\times a\times$ [2] $=$ [3]

問2 $\frac{2}{3}a\times\frac{1}{3}b\times\frac{1}{2}c=\frac{2}{3}\times\frac{1}{3}\times$ [4] $\times a\times$ [5] $\times c=$ [6]

2 多項式を含む計算

多項式を含む式の掛け算は，多項式にかっこをつけてから計算します。

例 $2a\times(3a-b)=2a\times3a+2a\times(-b)$

（両方に掛ける，かっこをつける）

$=2\times3\times a\times a+2\times(-1)\times a\times b=6a^2-2ab$

（2×3：係数どうしを掛ける，$a\times a$：文字どうしを掛ける，$2\times(-1)$：係数どうしを掛ける，$a\times b$：文字どうしを掛ける，$-b$の係数は-1）

問3 $a\times(-(2a-b))=a\times($ [7] $a+b)=$ [7] a^2+ [8]

問4 $2(a+2b)\times ab=(2a+$ [9] $b)\times ab=2$ [10] $b+4a$ [11]

3-6 解答 ⑧＋ ⑨8 ⑩3 ⑪＋ ⑫5

3 多項式どうしの計算

多項式どうしの掛け算は，次のような手順ですべての項を掛け合わせます。この計算方法は，知っておくと便利です。

$$(ax+b)(cx+d)=\underset{①}{acx^2}+\underset{②}{adx}+\underset{③}{bcx}+\underset{④}{bd}$$

$$=\underset{①}{acx^2}+\underset{②と③をまとめる}{(ad+bc)}x+\underset{④}{bd}$$

例 $(2a+3b)\times(3a-2b)=(2a+3b)(3a-2b)$

かっこをつける

すべての項を掛け合わせる

$$=\underset{①}{2a\times3a}+\underset{②}{2a\times(-2b)}+\underset{③}{3b\times3a}$$

$$+\underset{④}{3b\times(-2b)}$$

$$=6a^2-4ab+9ab-6b^2$$

$$=6a^2+(-4+9)ab-6b^2$$

同類項の係数を足す

$$=6a^2+5ab-6b^2$$

問5 $(-x+5y)(3x-2y)=-3x^2+$ [12] $xy+15xy-10y^2$

$=-3x^2+($ [12] $+15)xy-10y^2$

$=-3x^2+$ [13] $xy-10y^2$

問6 $(3a-2b)(-a-4b)=-3a^2-$ [14] $ab+2ab+8b^2$

$=-3a^2+\{$ [15] $+2\}ab+8b^2$

$=-3a^2-$ [16] $ab+8b^2$

3-7 解答 ❶5 ❷b ❸$25ab$ ❹$\frac{1}{2}$ ❺b ❻$\frac{1}{9}abc\left(\frac{abc}{9}\right)$ ❼-2 ❽ab ❾4 ❿a^2 ⓫b^2

3-8

文字式の掛け算(2)

ルール

展　開 →
← 因数分解

$a(1+ab)$ 【単項式と多項式の積】 ⇄ $a+a^2b$ 【単項式の和】

左辺から右辺のように「単項式と多項式の積」を「単項式の和」で表す(かっこをはずす)ことを式の展開といいます。逆に,右辺から左辺のように「単項式の和」で表わされた式を「単項式と多項式の積」で表すことを因数分解するといいます。

突然「因数分解」という言葉が出てきて戸惑っている人がいるかもしれませんが,多項式を含む文字式の割り算や分数式の掛け算・割り算では「約分」がポイントになります。

約分できるかどうかは,因数分解して単項式と多項式の積の形に直す必要があるため,ここで因数分解について解説しておきます。

因数分解するためには,式の各項に共通因数(各項に共通している数や文字や式)があるかどうかを考えます。

たとえば,$ax+ay$について見てみます。

この式の各項は文字aが共通しているため,aが共通因数になります。共通因数を頭にくくり出すと,単項式と多項式の掛け算で表すことができます。

$ax+ay=a(x+y)$ ← 共通因数→頭にくくり出す

それでは,$x+ay$はどうでしょうか。この式の各項には共通因数はありません。そのため,これ以上計算することはできません。

共通因数について,もう少し詳しく解説します。

1 共通因数が数の場合

例 $4a+2b=2\times 2a+2\times b=2(2a+b)$ ← 2が共通因数

例 $3a+6b+9=3\times a+3\times 2b+3\times 3=3(a+2b+3)$ ← 3が共通因数

3-7 解答 ⑫2 ⑬17 ⑭12 ⑮(−12) ⑯10

問1 $7a-21b=$ □[1] $\times a-$ □[1] $\times 3b=$ □[1] $(a-3b)$

問2 $2a+4b-2=$ □[2] $\times a+$ □[2] $\times 2b-2=$ □[2] $(a+2b-1)$

問3 $5a-10b+5=$ □[3] $\times a-$ □[3] $\times 2b+$ □[3] $\times 1$

$=$ □[3] $(a-2b+1)$

問4 $3a-6b-9=$ □[4] $\times a-$ □[4] $\times 2b-$ □[4] $\times 3$

$=$ □[4] $(a-2b-3)$

2 共通因数が文字の場合

例 $ax+a^2y=a\times x+a\times ay=a(x+ay)$ ← aが共通因数

例 $ab^2+2a^2b=ab\times b+ab\times 2a=ab(b+2a)$ ← abが共通因数

例 $a^3+2a^2=a^2\times a+a^2\times 2=a^2(a+2)$ ← a^2が共通因数

問5 $3xy+9xz=$ □[5] $\times y+$ □[5] $\times 3z=$ □[5] $(y+3z)$

問6 $10xy-25yz=$ □[6] $\times 2x-$ □[6] $\times 5z=$ □[6] $(2x-5z)$

問7 $3ab-6bc-9b^2=$ □[7] $\times a-$ □[7] $\times 2c-$ □[7] $\times 3b$

$=$ □[7] $(a-2c-3b)$

問8 $20x^3y-16x^2y=$ □[8] $\times 5x-$ □[8] $\times 4$

$=$ □[8] $(5x-4)$

3 共通因数が式の場合

これまで共通因数が数や文字の場合について解説しましたが，多項式どうしの掛け算では共通因数が式になります。

共通因数が式というと，とても難しく感じるかもしれませんが，基本は❶や❷と同じで，共通因数となる式をくくり出します。

例 $(a+b)(x+y)+(a+b)(y+z)$ ← 共通因数は$a+b$

$=(a+b)\{(x+y)+(y+z)\}$

$=(a+b)(x+y+y+z)$

$=(a+b)(x+2y+z)$

因数分解する方法は，共通因数をくくり出す方法のほかに，公式を使う方法があります。

因数分解の公式には，次のようなものがあります。

① $x^2-a^2=(x+a)(x-a)$

② $x^2+2ax+a^2=(x+a)^2$

$x^2-2ax+a^2=(x-a)^2$

③ $x^2+(a+b)x+ab=(x+a)(x+b)$

公式なので覚えているに越したことはありませんが，③について次のことを知っていれば，①②についても因数分解することができます。

$x^2+(a+b)x+ab$ ← 掛けてab，足して$a+b$になるa，bを探す

具体的な例で考えてみます。

例 x^2+4x+3 ← 掛けて3になるのは1と3，3と1 / 足して4になるのは1と3，3と1

したがって，

$x^2+4x+3=(x+1)(x+3)$ **または** $(x+3)(x+1)$

例 x^2-4x-5 ← 掛けて-5になるのは1と-5，-1と5 / 足して-4になるのは1と-5

したがって，

$x^2-4x-5=(x+1)(x-5)$ **または** $(x-5)(x+1)$

この方法を応用すると，公式①，②については，

① x^2-a^2は，掛けて$-a^2$，足して0になるa

② $x^2+2ax+a^2$は，掛けてa^2，足して$2a$になるa

$x^2-2ax+a^2$は，掛けてa^2，足して$-2a$になるa

を探せばいいことになります。

3-8 解答 ❶7 ❷2 ❸5 ❹3 ❺$3x$ ❻$5y$ ❼$3b$ ❽$4x^2y$

なお，公式を誤って覚えてしまい，

$x^2-a^2=(x+a)^2$

だと思っている人が意外と多くいます。

$x^2-a^2=(x+a)(x-a)$

ですので注意してください。

問9 $x^2-4x-12=(x+$ [9] $)(x-$ [10] $)$

問10 $x^2+6x+9=(x+$ [11] $)(x+$ [11] $)=(x+$ [11] $)^2$

問11 $x^2-10x+25=(x-$ [12] $)(x-$ [12] $)=(x-$ [12] $)^2$

問12 $x^2-36=(x+$ [13] $)(x-$ [13] $)$

問13 $ax^2-4ax-5a=$ [14] (x^2-4x-5)

$=a(x+$ [15] $)(x-$ [16] $)$

つまずくのはここだ！

$a+ab$ を因数分解すると次のようになります。

$a+ab=a\times 1+a\times b=a(1+b)$　　a が共通因数

因数分解をしたときのかっこの中には1がありますが，なぜ1になるのかがわからないため，つまずく人がいます。この計算では，「$a=a\times 1$」であることに気がつくと，かっこの中が1になる意味がわかります。

展開の逆の計算が因数分解ですから，$a(1+b)$ を展開してみればこの計算が正しいかどうか確認できます。

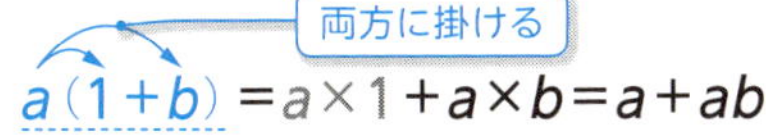

$a(1+b)=a\times 1+a\times b=a+ab$

3-9

文字式の割り算

ルール

⟨1⟩ 分数の形に直して計算します。

$$2a \div a = \frac{2a}{a} = 2$$

⟨2⟩ 分数の文字式で割るときは逆数を掛けます。

$$6a \div \frac{a}{2} = 6a \times \frac{2}{a} = 12$$

⟨3⟩ 多項式はかっこをつけてから計算します。

$$2a \div (3a - ab) = \frac{2a}{3a-ab} = \frac{2}{3-b}$$

1 割り算を分数に直す

文字式の割り算は分数の形で表します。約分できるときは約分します。

分数の形にする　aで約分

例 $2a \div a = \frac{2a}{a} = 2$

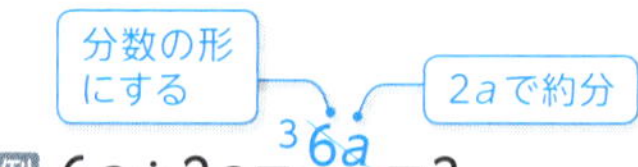

例 $6a \div 2a = \frac{{}^{3}6a}{2a} = 3$

問1 $-2a \div 5a =$ [1]

問2 $a \div b \times c =$ [2] $\times c =$ [3]

問3 $a \div b - c =$ [4] $- c =$ [4] $- \frac{bc}{b} = \frac{[\ 5\ ] - bc}{b}$

問4 $a + b \div c - d = a +$ [6] $- d = \frac{ac}{c} +$ [6] $- \frac{cd}{c}$

$= \frac{ac + [\ 7\ ] - cd}{c}$

問5 $a + c \div (b+c) = a + \frac{c}{b+c} = \frac{[\ 8\ ](b+c)}{b+c} + \frac{c}{b+c}$

$= \frac{[\ 9\ ] + [\ 10\ ] + c}{b+c}$

3-8 解答　❾2　❿6　⓫3　⓬5　⓭6　⓮a　⓯1　⓰5

2 分数の文字式で割るときの計算

この場合は，数の計算と同じように，逆数（分母と分子を入れ替えた数）を掛けます（36ページ参照）。

例 $6a \div \frac{a}{2} = 6a \times \frac{2}{a} = 6 \times 2 = 12$

（aで約分）（$\frac{a}{2}$の逆数を掛ける）

例 $(-6a) \div \left(-\frac{3a}{2}\right) = (-6a) \times \left(-\frac{2}{3a}\right) = (-2) \times \left(-\frac{2}{1}\right) = 4$

（3aで約分）（$-\frac{3a}{2}$の逆数を掛ける）

問6 $\frac{3a}{2} \div \frac{b}{2a} = \frac{3a}{2} \times \boxed{11} = \frac{3a \times \boxed{12}}{2 \times \boxed{13}} = \boxed{14}$

（14には約分した数を入れる）

問7 $\frac{a}{2} \times \frac{b}{3} \div \frac{4b}{3c} = \frac{a}{2} \times \frac{b}{3} \times \boxed{15} = \frac{a \times b \times \boxed{16}}{2 \times 3 \times \boxed{17}} = \boxed{18}$

（18には約分した数を入れる）

問8 $\left(-\frac{a}{2}\right)^3 \div a^3 \div (-2a)^2 = \frac{\boxed{19}}{8} \times \frac{1}{a^3} \times \frac{1}{\boxed{20}} = -\frac{1}{\boxed{21}}$

3 多項式を含む計算

多項式を含む割り算は，多項式にかっこをつけてから計算します。分数の形に直し，因数分解できるかどうか，約分できるかどうかを見極めます。

例 $2a \div (3a - ab) = \frac{2a}{3a - ab} = \frac{2a}{a(3-b)} = \frac{2}{3-b}$

（かっこをつける）（分数の形にする）（aで因数分解）（aで約分）

3-9 解答　❶ $-\frac{2}{5}\left(\frac{-2}{5}\right)$　❷ $\frac{a}{b}$　❸ $\frac{ac}{b}$　❹ $\frac{a}{b}$　❺ a　❻ $\frac{b}{c}$　❼ b　❽ a　❾ ab　❿ ac

かっこをつける　分数の形にする　2で因数分解　$a+b$で約分

例 $(2a+2b)\div(a+b)=\dfrac{2a+2b}{a+b}=\dfrac{2(a+b)}{a+b}=2$

かっこをつける　分数の形にする　aで因数分解　$a+3$で約分

例 $(a^2+3a)\div(a+3)=\dfrac{a^2+3a}{a+3}=\dfrac{a(a+3)}{a+3}=a$

■係数が分数の割り算

$\dfrac{x+2y}{2}\div\dfrac{x+y}{2}$のように，文字の係数が分数になっている場合の割り算は，割る式の逆数を掛けて計算します。約分できるときは約分します。

かっこをつける　2で約分

例 $\dfrac{x+2y}{2}\div\dfrac{x+y}{2}=\dfrac{x+2y}{2}\times\dfrac{2}{x+y}=\dfrac{(x+2y)\times 2}{2\times(x+y)}=\dfrac{x+2y}{x+y}$

$\dfrac{x+y}{2}$の逆数を掛ける　かっこをつける

問9 $(2a^2+ab^2)\div ab=\dfrac{2a^2+ab^2}{ab}=\dfrac{\boxed{}^{22}(2a+b^2)}{ab}=\dfrac{2a+b^2}{\boxed{}^{23}}$

問10 $ab\div(a^2-ab)=\dfrac{ab}{a^2-ab}=\dfrac{ab}{\boxed{}^{24}(a-b)}=\dfrac{\boxed{}^{25}}{a-b}$

問11 $2ab\div(2a^2-4a)=\dfrac{2ab}{2a^2-4a}=\dfrac{2ab}{\boxed{}^{26}(a-2)}=\dfrac{\boxed{}^{27}}{a-2}$

問12 $\dfrac{x+2y}{3}\div\dfrac{x-y}{6}=\dfrac{x+2y}{3}\times\dfrac{\boxed{}^{28}}{x-y}=\dfrac{\boxed{}^{28}(x+2y)}{3(x-y)}$

$=\dfrac{\boxed{}^{29}(x+2y)}{x-y}$

3-9 解答　⑪ $\dfrac{2a}{b}$　⑫ $2a$　⑬ b　⑭ $\dfrac{3a^2}{b}$　⑮ $\dfrac{3c}{4b}$　⑯ $3c$　⑰ $4b$　⑱ $\dfrac{ac}{8}$　⑲ $-a^3$　⑳ $4a^2$　㉑ $32a^2$

問13 $\dfrac{x+y}{2} \div \dfrac{x+y}{4} = \dfrac{x+y}{2} \times \dfrac{\boxed{30}}{x+y} = \dfrac{\boxed{31}}{\boxed{}} = \boxed{32}$

（**31** には約分した数を入れる）

問14 $\dfrac{x+y}{2} \div \dfrac{(x+y)^2}{4} = \dfrac{x+y}{2} \times \dfrac{\boxed{33}}{(x+y)^2} = \dfrac{\boxed{34}(x+y)}{(x+y)^2} = \dfrac{\boxed{34}}{x+y}$

つまずくのはここだ！

《その1》

$a \div b \div c$ の計算は，頭から順番に計算します。計算の順番を間違えると正しい答えを導くことができません。

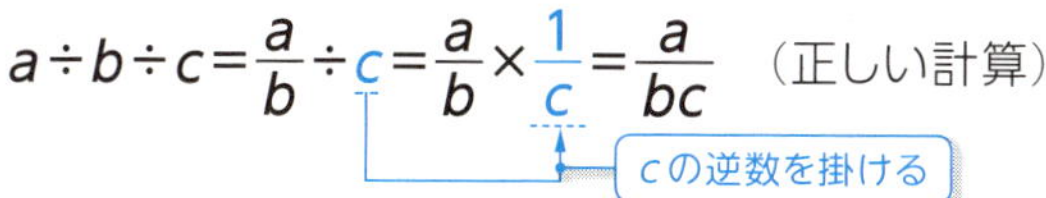

$a \div b \div c = a \div \dfrac{b}{c} = a \times \dfrac{c}{b} = \dfrac{ac}{b}$ （間違った計算）

b÷cを先に計算

《その2》

多項式を含む式の割り算では，かっこをつけないで計算すると正しい答えを導くことができません。

$(5a+5b) \div (a+b) = \dfrac{5a+5b}{a+b} = \dfrac{5(a+b)}{a+b} = 5$

かっこをつける

（正しい計算）

$5a+5b \div a+b = 5a + \dfrac{5b}{a} + b$ （間違った計算）

かっこをつけないで計算

• COLUMN •

かっこのつけ方の注意

コンピュータでプログラミングをするときには，

掛け算×は＊（アスタリスク）

分数や割り算÷は／（スラッシュ）

を使って表すのが一般的です。

分数は／（スラッシュ）を使うことによって１行で表すことになります。

たとえば，$\frac{a+b}{c+d}$のような分数式を／（スラッシュ）を使って１行で表すときには，／（スラッシュ）を使うだけではなく，分母や分子にかっこをつける必要があります。

$$\frac{a+b}{c+d}=(a+b)/(c+d)$$

このとき，かっこをつけることを忘れてしまうと間違った記述になります。

下は，分子にかっこをつけ忘れた例です。

$$\frac{a+b}{c+d}=a+b/(c+d)$$

この式の右辺を分数式の形に直すと次のようになります。

$$a+b/(c+d)=a+\frac{b}{c+d}$$

上の式と比較すれば一目瞭然ですが，かっこをつけ忘れてしまうと，元の式とは別のものになってしまうことがわかります。

次の例は２つの抵抗r_1とr_2の合成抵抗rを求める式です。

$$r=\frac{r_1\times r_2}{r_1+r_2}$$

この式を＊と／を使って表すと

$r=r_1*r_2/(r_1+r_2)$

のようになります。このとき，

$r=(r_1*r_2)/(r_1+r_2)$

のように分子にもかっこをつけてしまうことがありますが，＊は×（掛ける）を表すので分子のかっこは必要ありません。

3-9 解答　㉚4　㉛$\frac{2}{1}$　㉜2　㉝4　㉞2

CHAPTER

4

分数式の計算と式の変形

第４章の内容

電気数学では，公式を使った計算がたくさん出てきます。

公式は，$A=BC$，$B=\dfrac{A}{C}$，$C=\dfrac{A}{B}$

といった形をしていますが，

式の変形がわかっていれば１つの式から

他の式を導くことができます。

式の変形は，四則計算と同じように電気数学ではとても重要です。

第４章では，分数式の計算と式の変形のしかたについて取り上げます。

4-1

分数式の足し算

ルール

〈1〉分母が同じときは，分母はそのままで分子だけを計算します。

$$\frac{1}{3a}+\frac{2}{3a}=\frac{3}{3a}=\frac{1}{a}$$

〈2〉分母が異なるときは，通分してから計算します。

$$\frac{2}{a+b}+\frac{3}{a}=\frac{5a+3b}{a(a+b)} \qquad \frac{2}{a+b}+\frac{3}{a-b}=\frac{5a+b}{(a+b)(a-b)}$$

62ページでも述べましたが，分母に文字を含んでいる文字式を分数式といいます。

分数式の足し算は，数の場合と同様に，分母が同じときには分子どうしを，分母が異なるときには通分してから計算します。約分できるときは約分します。

1 分母が同じ場合

例 $\frac{1}{3a}+\frac{2}{3a}=\frac{1+2}{3a}=\frac{3}{3a}=\frac{1}{a}$

分子どうしを足す

分母が同じ

3で約分

例 $\frac{2}{a+b}+\frac{3}{a+b}=\frac{2+3}{a+b}=\frac{5}{a+b}$

分子どうしを足す

分母が同じ

問1 $\frac{1}{5a}+\frac{4}{5a}=\frac{1+\boxed{}^{1}}{5a}=\frac{\boxed{}^{2}}{5a}=\boxed{\frac{}{}}^{3}$

問2 $\frac{3}{7a}+\frac{b}{7a}=\frac{3+\boxed{}^{4}}{7a}$

2 分母が異なる場合

例 $\frac{1}{3a}+\frac{2}{a}=\frac{1}{3a}+\frac{2\times3}{a\times3}=\frac{1}{3a}+\frac{6}{3a}=\frac{1+6}{3a}=\frac{7}{3a}$

分子どうしを足す

分母が異なる

3aで通分

例 $\dfrac{2}{a+b}+\dfrac{3}{a}=\dfrac{2\times a}{(a+b)\times a}+\dfrac{3\times(a+b)}{a\times(a+b)}=\dfrac{2a+3(a+b)}{a(a+b)}$

分母が異なる　かっこをつける　$a(a+b)$ で通分

同類項の係数を足す

$=\dfrac{2a+3a+3b}{a(a+b)}=\dfrac{(2+3)a+3b}{a(a+b)}=\dfrac{5a+3b}{a(a+b)}$

例 $\dfrac{2}{a+b}+\dfrac{3}{a-b}=\dfrac{2\times(a-b)}{(a+b)(a-b)}+\dfrac{3\times(a+b)}{(a-b)(a+b)}$

かっこをつける　分母が異なる　$(a+b)(a-b)$ で通分

$=\dfrac{2(a-b)}{(a+b)(a-b)}+\dfrac{3(a+b)}{(a-b)(a+b)}=\dfrac{2a-2b+3a+3b}{(a+b)(a-b)}$

同類項の係数を足す

$=\dfrac{(2+3)a+\{(-2)+3\}b}{(a+b)(a-b)}=\dfrac{5a+b}{(a+b)(a-b)}$

問3 $\dfrac{5}{a}+\dfrac{4}{a+b}=\dfrac{5\times(a+b)}{a\times(a+b)}+\dfrac{4\times\boxed{}^{5}}{a\times(a+b)}$

$=\dfrac{5a+\boxed{}^{6}b+4\boxed{}^{5}}{a(a+b)}=\dfrac{\boxed{}^{7}a+\boxed{}^{6}b}{a(a+b)}$

問4 $\dfrac{2}{2a+b}+\dfrac{3}{3a+5}$

$=\dfrac{2\times(\boxed{}^{8}a+\boxed{}^{9})}{(2a+b)(3a+5)}+\dfrac{3\times(\boxed{}^{10}a+\boxed{}^{11})}{(2a+b)(3a+5)}$

$=\dfrac{\boxed{}^{12}a+\boxed{}^{13}+\boxed{}^{14}a+3\boxed{}^{15}}{(2a+b)(3a+5)}$

$=\dfrac{\boxed{}^{16}a+3\boxed{}^{15}+\boxed{}^{13}}{(2a+b)(3a+5)}$

4-1 解答　❶4　❷5　❸$\dfrac{1}{a}$　❹b

4-2

分数式の引き算

ルール

〈1〉分母が同じときは，分母はそのままで分子だけを計算します。

$$\frac{1}{3a}-\frac{2}{3a}=-\frac{1}{3a}$$

〈2〉分母が異なるときは，通分してから計算します。

$$\frac{2}{a+b}-\frac{3}{a}=-\frac{a+3b}{a(a+b)} \qquad \frac{2}{a+b}-\frac{3}{a-b}=-\frac{a+5b}{(a+b)(a-b)}$$

分数式の引き算は，足し算と同様に，分母が同じときには分子どうしを，分母が異なるときには通分してから計算します。

1 分母が同じ場合

例 $\frac{1}{3a}-\frac{2}{3a}=\frac{1}{3a}-\frac{2}{3a}=\frac{1-2}{3a}=\frac{-1}{3a}=-\frac{1}{3a}$

分母が同じ　分子どうしを引く

例 $\frac{2}{a+b}-\frac{3}{a+b}=\frac{2-3}{a+b}=\frac{-1}{a+b}=-\frac{1}{a+b}$

分母が同じ　分子どうしを引く

問1 $\frac{6}{5a}-\frac{1}{5a}=\frac{6-\boxed{1}}{5a}=\frac{\boxed{2}}{5a}=\boxed{3}$

問2 $\frac{3}{7a}-\frac{b}{7a}=\frac{3-\boxed{4}}{7a}$

2 分母が異なる場合

例 $\frac{1}{3a}-\frac{2}{a}=\frac{1}{3a}-\frac{2\times 3}{a\times 3}=\frac{1}{3a}-\frac{6}{3a}=\frac{1-6}{3a}=\frac{-5}{3a}=-\frac{5}{3a}$

分母が異なる　3aで通分　分子どうしを引く

4-1 解答　❺ a　❻5　❼9　❽3　❾5　❿2　⓫ b　⓬6　⓭10　⓮6　⓯ b　⓰12

例 $\frac{2}{a+b}-\frac{3}{a}=\frac{2\times a}{(a+b)\times a}-\frac{3\times(a+b)}{a\times(a+b)}=\frac{2a-3(a+b)}{a(a+b)}$

かっこをつける

$a(a+b)$ で通分

$=\frac{2a-3a-3b}{a(a+b)}=\frac{(2-3)a-3b}{a(a+b)}$

同類項の係数を引く

－（マイナス）を外に出すためにかっこの中の符号を変える

$=\frac{-a-3b}{a(a+b)}=\frac{-(a+3b)}{a(a+b)}=-\frac{a+3b}{a(a+b)}$

例 $\frac{2}{a+b}-\frac{3}{a-b}=\frac{2\times(a-b)}{(a+b)\times(a-b)}-\frac{3\times(a+b)}{(a-b)\times(a+b)}$

かっこをつける

分母が異なる

$(a+b)(a-b)$ で通分

$=\frac{2(a-b)}{(a+b)(a-b)}-\frac{3(a+b)}{(a-b)(a+b)}=\frac{2a-2b}{(a+b)(a-b)}-\frac{3a+3b}{(a-b)(a+b)}$

1と×が省略されている

かっこをつける

同類項の係数を引く

$=\frac{2a-2b-(3a+3b)}{(a+b)(a-b)}=\frac{(2-3)a+(-2-3)b}{(a+b)(a-b)}$

－（マイナス）を外に出すためにかっこの中の符号を変える

$=\frac{-a-5b}{(a+b)(a-b)}=\frac{-(a+5b)}{(a+b)(a-b)}=-\frac{a+5b}{(a+b)(a-b)}$

問3 $\frac{3}{x}-\frac{3}{2x+y}=\frac{3(2x+y)-\boxed{}^{5}x}{x(2x+y)}=\frac{6x+\boxed{}^{6}y-\boxed{}^{5}x}{x(2x+y)}$

$=\frac{\boxed{}^{7}x+\boxed{}^{6}y}{x(2x+y)}$

問4 $\frac{3}{2a-b}-\frac{3}{3a+b}=\frac{3\times(3a+b)}{(2a-b)(3a+b)}-\frac{3\times(2a-b)}{(2a-b)(3a+b)}$

$=\frac{9a+3b-\boxed{}^{8}a+\boxed{}^{9}b}{(2a-b)(3a+b)}=\frac{\boxed{}^{10}a+\boxed{}^{11}b}{(2a-b)(3a+b)}$

4-2 解答　❶1　❷5　❸$\frac{1}{a}$　❹b

4-3

分数式の約分

ルール

同じ共通因数があるとき，約分することができます。

① $\dfrac{a(a+b)}{ab}=\dfrac{a+b}{b}$　② $\dfrac{2a+2b}{(a+b)^2}=\dfrac{2(a+b)}{(a+b)(a+b)}=\dfrac{2}{a+b}$

分数式の掛け算・割り算では「約分」がポイントになるので，ここではそれについて解説します。

ある分数式をより簡単にするためには，約分できるかどうか，すなわち分母・分子に同じ共通因数があるかどうかを見極めます（74ページ参照）。

1 共通因数が数の場合

例 $\dfrac{2a}{2a+2b}=\dfrac{2a}{2(a+b)}=\dfrac{a}{a+b}$

（2が共通因数　2で約分）

例 $\dfrac{3a-3b}{3a}=\dfrac{3(a-b)}{3a}=\dfrac{a-b}{a}$

（3が共通因数　3で約分）

問1 $\dfrac{5x+10y}{10x-15y}=\dfrac{\boxed{1}(x+\boxed{2}y)}{\boxed{3}(2x-\boxed{4}y)}=\dfrac{x+\boxed{2}y}{2x-\boxed{4}y}$

問2 $\dfrac{4x-12y}{8x+12y}=\dfrac{\boxed{5}(x-\boxed{6}y)}{\boxed{7}(2x+\boxed{8}y)}=\dfrac{x-\boxed{6}y}{2x+\boxed{8}y}$

4-2 解答　❺3　❻3　❼3　❽6　❾3　❿3　⓫6

2 共通因数が文字，数と文字の場合

例 $\dfrac{ab}{a^2+ab}=\dfrac{ab}{a(a+b)}=\dfrac{b}{a+b}$

aが共通因数　aで約分　かっこはつけない

例 $\dfrac{a+a^2b}{a}=\dfrac{a(1+ab)}{a}=\dfrac{1+ab}{1}=ab+1$

aが共通因数　aで約分

例 $\dfrac{a+a^2+a^2b}{a}=\dfrac{a(1+a+ab)}{a}=\dfrac{1+a+ab}{1}=a+ab+1$

aが共通因数　aで約分

例 $\dfrac{2a^2}{4a+2a^2b}=\dfrac{2a^2}{2a(2+ab)}=\dfrac{a}{ab+2}$

$2a$が共通因数　$2a$で約分

問3 $\dfrac{x^2+xy}{xy}=\dfrac{\boxed{}^{9}(x+y)}{\boxed{}^{9}y}=\dfrac{x+y}{y}$

問4 $\dfrac{x^2}{x^2+x^3y}=\dfrac{x^2}{\boxed{}^{10}(1+xy)}=\dfrac{1}{xy+1}$

問5 $\dfrac{3xy-9x}{18xy+9x}=\dfrac{\boxed{}^{11}(y-3)}{\boxed{}^{12}(2y+1)}=\dfrac{y-3}{\boxed{}^{13}(2y+1)}$

3 共通因数が式の場合

例 $\dfrac{a+b}{(a+b)^2}=\dfrac{a+b}{(a+b)(a+b)}=\dfrac{1}{a+b}$

$a+b$が共通因数　$a+b$で約分

例 $\dfrac{2a+2b}{(a+b)^2}=\dfrac{2(a+b)}{(a+b)(a+b)}=\dfrac{2}{a+b}$

2が共通因数　$a+b$で約分　$a+b$が共通因数

4-3 解答　❶5　❷2　❸5　❹3　❺4　❻3　❼4　❽3

因数分解する　$x-5$で約分

例 $\dfrac{x^2-2x-15}{x-5}=\dfrac{(x+3)(x-5)}{x-5}=x+3$

2が共通因数　因数分解する

例 $\dfrac{2x^2-14x+24}{3x-9}=\dfrac{2(x^2-7x+12)}{3(x-3)}=\dfrac{2(x-3)(x-4)}{3(x-3)}=\dfrac{2(x-4)}{3}$

3が共通因数　$x-3$で約分

問6 $\dfrac{x^2-4x-5}{x-5}=\dfrac{(x+1)(x-\boxed{}^{14})}{x-5}=x+\boxed{}^{15}$

問7 $\dfrac{x^2-7x+10}{x-5}=\dfrac{(x-2)(x-\boxed{}^{16})}{x-5}=x-\boxed{}^{17}$

問8 $\dfrac{x^2-10x+25}{2x-10}=\dfrac{(x-\boxed{}^{18})(x-\boxed{}^{18})}{2(x-\boxed{}^{19})}=\dfrac{x-\boxed{}^{18}}{2}$

問9 $\dfrac{2ax^2+12ax+10a}{2x+2}=\dfrac{\boxed{}^{20}(x^2+6x+5)}{2(x+1)}$

$=\dfrac{\boxed{}^{20}(x+5)(x+\boxed{}^{21})}{2(x+1)}$

$=\boxed{}^{22}(x+5)$

問10 $\dfrac{x^2-xy-2y^2}{x^2-3xy+2y^2}=\dfrac{(x-2y)(\boxed{}^{23})}{(\boxed{}^{24})(x-y)}=\dfrac{\boxed{}^{23}}{\boxed{}^{25}}$

4-3 解答　❾ x　❿ x^2　⓫ $3x$　⓬ $9x$　⓭ 3

問11 $\dfrac{2x^2-14xy+20y^2}{4x^2+4xy-24y^2}=\dfrac{\boxed{}^{26}(x^2-7xy+10y^2)}{\boxed{}^{27}(x^2+xy-6y^2)}$

$=\dfrac{\boxed{}^{28}(x-\boxed{}^{29}y)(x-5y)}{\boxed{}^{30}(x-2y)(x+\boxed{}^{31}y)}$

$=\dfrac{x-5y}{\boxed{}^{30}(x+\boxed{}^{31}y)}$

（**28** **30** には約分した数を入れる）

つまずくのはここだ！

分数式 $\dfrac{2a}{a+2b}$ は分子，分母に共通因数がないため，これ以上計算することはできませんが，次のような勘違いをすることがあります。

①分母と分子に2があるので2で約分してしまう

$\dfrac{2a}{a+2b}=\dfrac{\cancel{2}a}{a+\cancel{2}b}=\dfrac{a}{a+b}$ （間違った計算）

分母と分子を2で約分

②分母と分子に a があるので a で約分してしまう

$\dfrac{2a}{a+2b}=\dfrac{2\cancel{a}}{\cancel{a}+2b}=\dfrac{2}{1+2b}$ （間違った計算）

分母と分子を a で約分

4-3 解答 ⑭5 ⑮1 ⑯5 ⑰2 ⑱5 ⑲5 ⑳$2a$ ㉑1 ㉒a ㉓$x+y$ ㉔$x-2y$ ㉕$x-y$

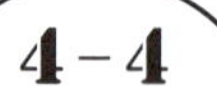

分数式の掛け算

分母どうし，分子どうしを掛けます。

$$\frac{2}{a+b}\times\frac{3}{a}=\frac{6}{a(a+b)} \qquad \frac{2}{a+b}\times\frac{3}{a-b}=\frac{6}{(a+b)(a-b)}$$

分数式の掛け算は分母どうし，分子どうしを掛け合わせます。多項式を掛けるときには，かっこをつけて計算します。

例 $\frac{2}{a+b}\times\frac{3}{a}=\frac{2\times3}{(a+b)\times a}=\frac{6}{a(a+b)}$

（分子どうしを掛ける／かっこをつける／分母どうしを掛ける）

例 $\frac{2a}{a+b}\times\frac{3}{a(a-b)}=\frac{2a\times3}{(a+b)\times a(a-b)}=\frac{6}{(a+b)(a-b)}$

（aで約分／分子どうしを掛ける／かっこをつける／分母どうしを掛ける）

例 $\frac{2a}{a+b}\times\frac{3(a+b)}{a(a-b)}=\frac{2a\times3(a+b)}{(a+b)\times a(a-b)}=\frac{6}{a-b}$

（分子どうしを掛ける／$a(a+b)$で約分／かっこをつける／分母どうしを掛ける）

問1 $\frac{3a}{2}\times\frac{a+b}{7a}=\frac{\boxed{}^{1}\times(a+b)}{2\times\boxed{}^{2}}=\frac{\boxed{}^{3}(a+b)}{\boxed{}^{4}}$

（❸❹には約分した数を入れる）

問2 $\frac{(a-b)^2}{2}\times\left(-\frac{ab}{a-b}\right)=\frac{(a-b)^2\times(-ab)}{2\times(a-b)}=-\frac{\boxed{}^{5}(a-b)}{2}$

4-3 解答　㉖2　㉗4　㉘1　㉙2　㉚2　㉛3

4-5

分数式の割り算

ルール

割る式の逆数を掛けます。

$$\frac{3}{2a}\div\frac{2a}{3a-ab}=\frac{3}{2a}\times\frac{3a-ab}{2a}=\frac{3(3-b)}{4a}$$

$$\frac{2}{2a-b}\div\frac{2a}{3a-ab}=\frac{2}{2a-b}\times\frac{3a-ab}{2a}=\frac{3-b}{2a-b}$$

分数式の割り算は，割る式の逆数を掛けて計算します。約分できるときには約分します。また，多項式を掛けるときにはかっこをつけて計算します。

例 $\frac{4}{3a}\div\frac{2}{3-3b}=\frac{4}{3a}\times\frac{3-3b}{2}=\frac{4\times(3-3b)}{3a\times 2}=\frac{{}^{2}4\times 3(1-b)}{3a\times 2}$

$=\frac{2(1-b)}{a}$

かっこをつける

$\frac{2}{3-3b}$ の逆数を掛ける

3が共通因数

2と3で約分

例 $\frac{2}{2a-b}\div\frac{2a}{3a-ab}=\frac{2}{2a-b}\times\frac{3a-ab}{2a}$

$=\frac{2\times(3a-ab)}{(2a-b)\times 2a}=\frac{{}^{1}2\times a(3-b)}{(2a-b)\times 2a}=\frac{3-b}{2a-b}$

$\frac{2a}{3a-ab}$ の逆数を掛ける

かっこをつける

かっこをつける

a が共通因数

$2a$ で約分

問1 $\frac{3a^2}{2}\div\frac{3a}{a+b}=\frac{3a^2}{2}\times\frac{a+b}{\boxed{}_{1}}=\frac{3a^2\times(a+b)}{2\times\boxed{}_{1}}=\frac{\boxed{}_{2}(a+b)}{\boxed{}_{3}}$

（❷❸には約分した数を入れる）

問2 $\frac{(a-b)^2}{2ab}\div\frac{(a-b)^3}{4ab^2}=\frac{(a-b)^2}{2ab}\times\frac{\boxed{}_{4}}{(a-b)^3}=\frac{\boxed{}_{4}(a-b)^2}{2ab(a-b)^3}$

$=\frac{\boxed{}_{5}}{a-b}$

4-4 解答 ❶ $3a$ ❷ $7a$ ❸ 3 ❹ 14 ❺ ab

4-6

足し算・引き算を使う式の変形

ルール

① $a=b+c$ から b を求める式への変形　$b=a-c$

② $a=b-c$ から b を求める式への変形　$b=a+c$

ある項が左辺から右辺，右辺から左辺に移項すると符号が変わります。

■等式の性質

等式 $a=b$ の両辺に c を足しても，あるいは両辺から c を引いても等式は成り立ちます。

$a+c=b+c$ ← 両辺に c を足す

$a-c=b-c$ ← 両辺から c を引く

次の2つの例は，この関係を利用した式の変形です。

例 $a=b+c$ から b を求める式への変形

①$a-c=b+c-c$ ← 右辺を b のみにするため両辺から c を引く

→　$a-c=b$ ← c が消えて b のみが残る

②$b=a-c$ ← 両辺を入れかえる

例 $a=b-c$ から b を求める式への変形

①$a+c=b-c+c$ ← 右辺を b のみにするため両辺に c を足す

→　$a+c=b$ ← c が消えて b のみが残る

②$b=a+c$ ← 両辺を入れかえる

■移項による計算

移項とは，ある項を左辺から右辺，あるいは右辺から左辺に符号を変えて移すことをいいます。

4-5 解答　❶ $3a$　❷ a　❸ 2　❹ $4ab^2$　❺ $2b$

例 $a=b+c$からbを求める式への変形

①$a=b+c$ → $a-c=b+c$ → $a-c=b$

右辺をbのみにするため
cを左辺に移項する

符号が変わる

左辺に移項

②$b=a-c$ ← 両辺を入れかえる

例 $a=b-c$からbを求める式への変形

①$a=b-c$ → $a+c=b-c$ → $a+c=b$

右辺をbのみにするため
−cを左辺に移項する

符号が変わる

左辺に移項

②$b=a+c$ ← 両辺を入れかえる

「移項」と聞くと，難しいと感じる人がいるかもしれませんが，「等式の性質」を利用していると考えてください。

94ページの2つの例でbを求めるために両辺からcを引いたり足したりしましたが，それをせずに最初から右辺のcの符号を変えて左辺に移してしまうというのが移項の考え方です。

問1 $x=y-z$を変形して，yの値を求めなさい。

$y=x$ [+ or −]❶ z

問2 $x=y+(-z)$を変形して，yの値を求めなさい。

$y=x$ [+ or −]❷ $(-z)$　　（❶❷は+か−を選ぶ）

$a=b-(-c)$において，bを求めるために右辺の$-(-c)$を左辺に移項するときには，符号に注意する必要があります。

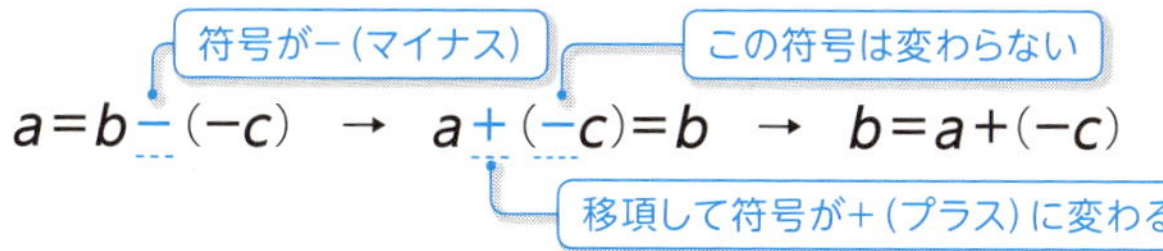

4-7

掛け算・割り算を使う式の変形

ルール

① $a=bc$からbを求める式への変形　$b=\frac{a}{c}$

② $a=\frac{b}{c}$からcを求める式への変形　$c=\frac{b}{a}$

■等式の性質

等式$a=b$の両辺にcを掛けても，あるいはcで割っても$\left(\frac{1}{c}\text{を掛ける}\right)$等式は成り立ちます。

$a\times c=b\times c$ ← 両辺にcを掛ける

$a\div c=b\div c\left(a\times\frac{1}{c}=b\times\frac{1}{c}\right)$ ← 両辺をcで割る$\left(\frac{1}{c}\text{を掛ける}\right)$

ここでは，この性質を利用して式の変形をします。

■等式の性質を利用した式の変形

例 $a=bc$からbを求める式への変形

① $a\times\frac{1}{c}=bc\times\frac{1}{c}$ ← 右辺をbのみにするため両辺をcで割る$\left(\frac{1}{c}\text{を掛ける}\right)$

② $a\times\frac{1}{c}=bc\times\frac{1}{c}$ ← 右辺をcで約分する

→ $a\times\frac{1}{c}=b$ ← cで約分→cが消える

③ $b=a\times\frac{1}{c}=\frac{a}{c}$ ← 両辺を入れかえる

例 $a=\frac{b}{c}$からcを求める式への変形

① $a\times c=\frac{b}{c}\times c$ ← 分数の形でないようにするため両辺にcを掛ける

4-6 解答　❶＋　❷－

② $a \times c = \frac{b}{c} \times c$ ← 右辺をcで約分する

→ $a \times c = b$ ← cで約分→cが消える

③ $a \times c \times \frac{1}{a} = b \times \frac{1}{a}$ ← 左辺をcのみにするため両辺をaで割る（$\frac{1}{a}$を掛ける）

④ $a \times c \times \frac{1}{a} = b \times \frac{1}{a}$ ← 左辺をaで約分する

→ $c = b \times \frac{1}{a} = \frac{b}{a}$ ← aで約分→aが消える

例 $a=2b$ から b を求める式への変形

① $a \times \frac{1}{2} = 2b \times \frac{1}{2}$ ← 右辺をbのみにするため両辺を2で割る（$\frac{1}{2}$を掛ける）

② $a \times \frac{1}{2} = 2b \times \frac{1}{2}$ ← 右辺を2で約分する

→ $a \times \frac{1}{2} = b$ ← 2で約分→2が消える

③ $b = a \times \frac{1}{2} = \frac{a}{2} \left(= \frac{1}{2}a\right)$ ← 両辺を入れかえる

（$\frac{1}{2}a$）← このように表しても同じ

問1 $x=-yz$ を変形して，y の値を求めなさい。

$-y=$ [1]

$y=$ [2]

問2 $x=\frac{1}{3}yz$ を変形して，y の値を求めなさい。

$\frac{y}{3}=$ [3]

$y=$ [4]

4-8

累乗があるときの式の変形

ルール

$a^2=4b$ から a を求める式への変形　$a=\pm 2\sqrt{b}$

$a^2=4b$ から a を求めるためには，$4b$ の平方根を求めます。

$$a=\pm\sqrt{4b}=\pm\sqrt{4}\times\sqrt{b}=\pm\sqrt{2^2}\times\sqrt{b}=\pm 2\sqrt{b}$$

平方根には＋（プラス）と－（マイナス）がある

累乗があるときの式の変形は，次の手順で行います。

例 $a=\dfrac{c^2}{b}$ からcを求める式への変形

① $a\times b=\dfrac{c^2}{b}\times b$ ← 右辺を c^2 のみにするため両辺に b を掛ける

② $a\times b=\dfrac{c^2}{b}\times b$ ← 右辺を b で約分する

→ $ab=c^2$ ← b で約分→ b が消える

③ $c^2=ab$ ← 両辺を入れかえる

④ $c=\pm\sqrt{ab}$ ← c の平方根を求める

±をつける

例 $a=\dfrac{b}{c^2-d}$ からcを求める式への変形

① $a\times(c^2-d)=\dfrac{b}{c^2-d}\times(c^2-d)$ ← 分数式の形でないようにするため両辺に c^2-d を掛ける

かっこをつける

② $a\times(c^2-d)=\dfrac{b}{c^2-d}\times(c^2-d)$ ← 右辺を c^2-d で約分する

→ $a\times(c^2-d)=b$ ← c^2-d で約分→ c^2-d が消える

③ $a\times(c^2-d)\times\dfrac{1}{a}=b\times\dfrac{1}{a}$ ← 左辺を c^2-d のみにするため両辺を a で割る $\left(\dfrac{1}{a}\text{を掛ける}\right)$

4-7 解答　❶ $\dfrac{x}{z}$　❷ $-\dfrac{x}{z}\left(\dfrac{-x}{z}\right)$　❸ $\dfrac{x}{z}$　❹ $\dfrac{3x}{z}$

④ $a \times (c^2 - d) \times \frac{1}{a} = b \times \frac{1}{a}$ ← 左辺を a で約分する

→ $c^2 - d = \frac{b}{a}$ ← a で約分→a が消える

⑤ $c^2 - d = \frac{b}{a}$ → $c^2 - d = \frac{b}{a} + d$ → $c^2 = \frac{b}{a} + d$

左辺を c^2 のみにするため $-d$ を右辺に移項する

右辺に移項

符号が変わる

⑥ $c = \pm\sqrt{\frac{b}{a} + d}$ ← c の平方根を求める

±をつける

問1 $x = \frac{z}{y^2}$ を変形して，y の値を求めなさい。

$xy^2 = z$

$y^2 = $ [1: ――]

$y = \pm\sqrt{\text{[1: ――]}}$

問2 $a = \frac{b^2 + c}{c - d}$ を変形して，b の値を求めなさい。

$a(c-d) = $ [2] $+c$

[2] $= a(c-d)$ [3: + or −] c

$b = \pm\sqrt{a(c-d) \text{ [3: + or −] } c}$

（**3** は+か−を選ぶ）

$a^2 = 4b$ から a を求めるとき，$a = \sqrt{4b}$ のみを答えとしてしまうことがあります。

平方根を求めるときには，正負の符号（±）が必要です。

$a = \pm\sqrt{4b}$ $(= \pm 2\sqrt{b})$

4-9

$\sqrt{}$（根号）があるときの式の変形

ルール

$a=\sqrt{3}b$ から b を求める式への変形　$b=\dfrac{a}{\sqrt{3}}$　$\left(\text{有理化して}\dfrac{\sqrt{3}a}{3}\right)$

例 $a=\sqrt{3}b$ からbを求める式への変形

①$a\times\dfrac{1}{\sqrt{3}}=\sqrt{3}b\times\dfrac{1}{\sqrt{3}}$ ← 右辺をbのみにするため両辺を $\sqrt{3}$ で割る$\left(\dfrac{1}{\sqrt{3}}\text{を掛ける}\right)$

②$a\times\dfrac{1}{\sqrt{3}}=\sqrt{3}b\times\dfrac{1}{\sqrt{3}}$ ← 右辺を $\sqrt{3}$ で約分する

→ $a\times\dfrac{1}{\sqrt{3}}=b$ ← $\sqrt{3}$ で約分→$\sqrt{3}$ が消える

③$b=a\times\dfrac{1}{\sqrt{3}}=\dfrac{a}{\sqrt{3}}=\dfrac{a\times\sqrt{3}}{\sqrt{3}\times\sqrt{3}}=\dfrac{\sqrt{3}a}{3}$ ← 両辺を入れかえる

分母の有理化

例 $a=\sqrt{3b}$ からbを求める式への変形

①$a^2=(\sqrt{3b})^2=3b$ ← $\sqrt{3b}$ の根号をはずすため両辺を2乗する

②$a^2\times\dfrac{1}{3}=3b\times\dfrac{1}{3}$ ← 右辺をbのみにするため両辺を3で割る$\left(\dfrac{1}{3}\text{を掛ける}\right)$

③$a^2\times\dfrac{1}{3}=3b\times\dfrac{1}{3}$ ← 右辺を3で約分する

→ $a^2\times\dfrac{1}{3}=b$ ← 3で約分→3が消える

④$b=a^2\times\dfrac{1}{3}=\dfrac{a^2}{3}$ ← 両辺を入れかえる

例 $a=\sqrt{3-b}$ からbを求める式への変形

①$a^2=(\sqrt{3-b})^2=3-b$ ← $\sqrt{3-b}$ の根号をはずすため両辺を2乗する

4-8解答 ❶$\dfrac{Z}{X}$ ❷b^2 ❸−

右辺に移項　左辺に移項

②$a^2=3-b$ → $b+a^2=3-b-a^2$ → $b=3-a^2$

右辺の$-b$を左辺に，左辺のa^2を右辺に移項する

符号が変わる

例 $a=\sqrt{2b+3}$ からbを求める式への変形

①$a^2=(\sqrt{2b+3})^2=2b+3$ ← $\sqrt{2b+3}$の根号をはずすため両辺を２乗する

②$a^2=2b+3$ → $a^2-3=2b+3$ → $a^2-3=2b$

右辺を$2b$のみにするため３を左辺に移項する

符号が変わる

左辺に移項

③$(a^2-3)\times\frac{1}{2}=2b\times\frac{1}{2}$ ← 右辺をbのみにするため両辺を２で割る（$\frac{1}{2}$を掛ける）

かっこをつける

④$(a^2-3)\times\frac{1}{2}=2b\times\frac{1}{2}$ ← 右辺を２で約分する

→ $(a^2-3)\times\frac{1}{2}=b$ ← ２で約分→２が消える

⑤$b=(a^2-3)\times\frac{1}{2}=\frac{a^2-3}{2}$ ← 両辺を入れかえる

問1 $x=\sqrt{5y}$ を変形して，yの値を求めなさい。

$x^{\boxed{1}}=(\sqrt{5y})^{\boxed{1}}=5y$

$y=\frac{x^{\boxed{1}}}{\boxed{2}}$

問2 $x=\sqrt{3y-7}$を変形して，yの値を求めなさい。

$x^{\boxed{3}}=(\sqrt{3y-7})^{\boxed{3}}=3y-7$

$x^{\boxed{3}}+\boxed{4}=3y$

$y=\frac{x^{\boxed{3}}+\boxed{4}}{\boxed{5}}$

4-10

オームの法則と式の変形

ルール

オームの法則

〈1〉 $V=R\times I$[V]　〈2〉 $I=\frac{V}{R}$[A]　〈3〉 $R=\frac{V}{I}$[Ω]

V[V]：電圧，R[Ω]：抵抗，I[A]：電流

抵抗R[Ω]に電圧V[V]を加えたときに流れる電流がI[A]のとき，電圧と電流，抵抗の間にはルール〈1〉から〈3〉のような関係があります。これをオームの法則といいます。

オームの法則には3つの公式がありますが，1つの式を変形することにより残りの2つの式を求めることができます。

$I=\frac{V}{R}$ ←（両辺をRで割って$\left(\frac{1}{R}\text{を掛けて}\right)$左辺と右辺を入れかえる）― $V=R\times I$ ―（両辺をIで割って$\left(\frac{1}{I}\text{を掛けて}\right)$左辺と右辺を入れかえる）→ $R=\frac{V}{I}$

$I=\frac{V}{R}\rightleftarrows R=\frac{V}{I}$も式の変形によって求めることができます。

例 50Ωの抵抗に5Aの電流を流したときの電圧V[V]を求めます。

50Ω　5A　V[V]

$V=50\times 5=250$ V ← $V=R\times I$

問1 2kΩの抵抗に5mAの電流を流したときの電圧V[V]を求めなさい。

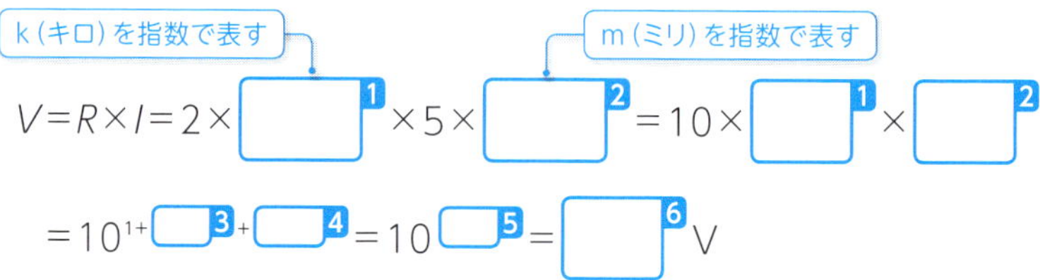

4-9 解答　❶2　❷5　❸2　❹7　❺3

問2 抵抗に200 Vの電圧を加えたときに電流が5 A流れた。このときの抵抗Rは何Ωになるかを求めなさい。

$$R=\frac{V}{I}=\frac{200}{\boxed{}^{7}}=\boxed{}^{8}\,\Omega$$

問3 抵抗に20 Vの電圧を加えたときに電流が5 mA流れた。このときの抵抗Rは何kΩになるかを求めなさい。

$$R=\frac{V}{I}=\frac{20}{5\times10^{-3}}=\frac{20\times\boxed{}^{9}}{5}=\boxed{}^{10}\,\text{k}\Omega$$

$10^{-3}=\frac{1}{10^{3}}$

問4 500 Ωの抵抗に10 Vの電圧を加えたときに流れる電流I〔mA〕を求めなさい。

$$I=\frac{V}{R}=\frac{10}{500}=\boxed{}^{11}=\boxed{}^{12}\,\text{mA}$$

問5 100 kΩの抵抗に10 Vの電圧を加えたときに流れる電流I〔mA〕を求めなさい。

$$I=\frac{V}{R}=\frac{10}{100\times10^{3}}=\frac{10^{1}}{10^{2}\times10^{3}}=10^{\boxed{}^{13}}=10^{-1}\times10^{\boxed{}^{14}}$$
$$=\boxed{}^{15}\,\text{mA}$$

問6 ある抵抗に100 Vの電圧を加えたときに電流が2 A流れた。この抵抗に150 Vの電圧を加えたときの電流I〔A〕を求めなさい。

$$R=\frac{V}{I}=\frac{100}{2}=50\,\Omega \qquad I=\frac{V}{R}=\frac{150}{\boxed{}^{16}}=\boxed{}^{17}\,\text{A}$$

つまずくのはここだ！

オームの法則は，ルールにあるように3つの式があります。3つを暗記することはもちろん大切ですが，式を変形することによって1つの式から他の2つの式を求めることができるようにしましょう。
どの式からでも，他の2つの式が導き出せるようになることが大切です。

〔4-10 解答〕 ❶$10^{3}$ ❷$10^{-3}$ ❸3 ❹(−3) ❺1 ❻10

• COLUMN •

抵抗の計算と分数式の計算

分数式の計算は，単項式や多項式の計算と比べると，それほど重要ではないと思う人がいるかもしれません。

しかし，電気数学では身近なところで分数式の計算が使われています。

たとえば，並列の合成抵抗を求める場合，分数式の計算は必須になります。具体的に見てみましょう。

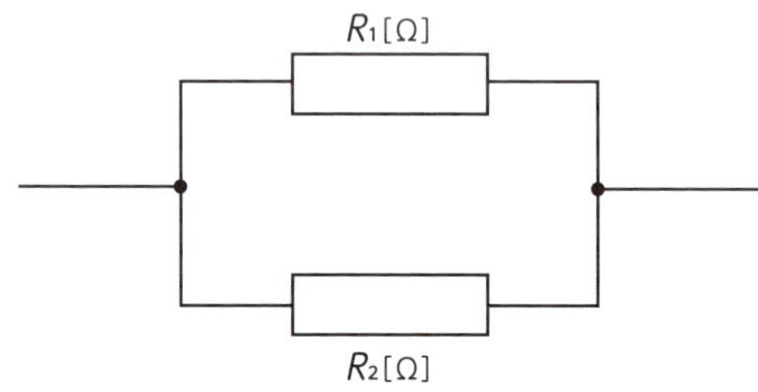

図のような２つの抵抗R_1[Ω]とR_2[Ω]を並列に接続したときの合成抵抗は，次の式で求めることができます。

$$①\ R=\frac{1}{\frac{1}{R_1}+\frac{1}{R_2}}\,[\Omega] \qquad ②\ R=\frac{R_1R_2}{R_1+R_2}\,[\Omega]$$

この２つの式を別の式と思って両方とも暗記をしている人がいますが，分数式の計算がわかると，式①から式②を導くことができます。下の計算は，式①から式②を導くための手順です。

$$R=\frac{1}{\frac{1}{R_1}+\frac{1}{R_2}}=\frac{1}{\frac{R_2}{R_1R_2}+\frac{R_1}{R_1R_2}}=\frac{1}{\frac{R_1+R_2}{R_1R_2}}=\frac{1\times R_1R_2}{\frac{R_1+R_2}{R_1R_2}\times R_1R_2}=\frac{R_1R_2}{R_1+R_2}\,[\Omega]$$

式を暗記することはもちろん大切ですが，計算によって必要な式が引き出せることも覚えておいてください。

4-10 解答　❼ 5　❽ 40　❾ 10^3　❿ 4　⓫ 0.02　⓬ 20　⓭ −4　⓮ −3　⓯ 0.1　⓰ 50　⓱ 3

CHAPTER

5

割合・比・比例・反比例

第５章の内容

式$A=BC$は，Bの大きさが一定のとき
Cが大きくなるとAも大きくなることを表しています。
このとき，CとAの間には比例関係があるといいます。
また，Aの大きさが一定のときには，
Cが大きくなるとBは小さくなります。
このとき，CとBの間には反比例の関係があるといいます。
第５章では，割合・比，そして比例・反比例について取り上げます。

5-1

割　合

ルール

① 割合＝比べる量÷基準にする量＝$\frac{\text{比べる量}}{\text{基準にする量}}$

② 基準にする量＝比べる量÷割合＝$\frac{\text{比べる量}}{\text{割　合}}$

③ 比べる量＝基準にする量×割　合

図のように，抵抗R_1[Ω] とR_2[Ω] を直列に接続した合成抵抗R[Ω] は，次の式で求めることができます。

$$R=R_1+R_2=10+20=30\,\Omega$$

直列接続の合成抵抗は２つの抵抗の和

$R_1=10\,\Omega$　　$R_2=20\,\Omega$

■割合

抵抗R_1[Ω] の大きさを基準にしてR_2[Ω] の大きさが何倍になるかを考える場合，次のように求めることができます。

抵抗R_2[Ω] の大きさ÷抵抗R_1[Ω] の大きさ　（比べる量÷基準にする量）

$$=20\,\Omega\div10\,\Omega=\frac{20\,\Omega}{10\,\Omega}\rightarrow 2\text{倍}$$

同様に，抵抗R_2[Ω] の大きさを基準にしてR_1[Ω] の大きさが何倍になるかは，次のように求めることができます。

抵抗R_1[Ω] の大きさ÷抵抗R_2[Ω] の大きさ　（比べる量÷基準にする量）

$$=10\,\Omega\div20\,\Omega=\frac{10\,\Omega}{20\,\Omega}\rightarrow\frac{1}{2}\text{倍}（=0.5\text{倍}）$$

２つの同じ種類の量があるときに，どちらか一方の量を基準にしてもう一方の量が何倍になるかを表した数を割合といいます。

例 電線a：断面積0.64π [mm²] で長さ20 m，電線b：断面積2.56π [mm²] で長さ40 mのとき，電線aの抵抗が電線bの抵抗の何倍になるか，その割合を求めます。

電線の断面積がA [mm²]，長さがL [m] のとき，

抵抗$R=\rho\frac{L}{A}$ [Ω]（ρ [Ω・mm²/m]：抵抗率） ← ρは「ロー」と読む

①電線aの抵抗：$\rho\frac{L}{A}=\rho\times\frac{20}{0.64\pi}$ [Ω] ← 最後まで計算しないで，このまま③の計算へ

②電線bの抵抗：$\rho\frac{L}{A}=\rho\times\frac{40}{2.56\pi}$ [Ω] ← 最後まで計算しないで，このまま③の計算へ

③電線a，bの抵抗の割合：

$$\frac{電線aの抵抗}{電線bの抵抗}=\frac{\rho\times\frac{20}{0.64\pi}}{\rho\times\frac{40}{2.56\pi}}$$ ← 割合＝$\frac{比べる量}{基準にする量}$

$$=\frac{20\rho}{0.64\pi}\div\frac{40\rho}{2.56\pi}=\frac{20\rho}{0.64\pi}\times\frac{2.56\pi}{40\rho}=\frac{4}{2}=2$$

逆数を掛ける

よって，電線aの抵抗は電線bの抵抗の2倍になります。

問 直列に接続された抵抗A：5Ωと抵抗B：10Ωがあるとき，合成抵抗に対する抵抗Aの割合を求めなさい。

$$\frac{Aの抵抗}{合成抵抗}=\frac{5}{5+\boxed{}^{1}}=\frac{5}{\boxed{}^{2}}=\frac{1}{\boxed{}^{3}}$$

5-2

百分率・歩合（ぶあい）

ルール

⟨1⟩ 割合$\frac{1}{100}$（=0.01）を百分率で表すと1％

百分率［％］=割合×100

⟨2⟩ 割合$\frac{1}{10}$（=0.1）を歩合で表すと1割

割合$\frac{1}{100}$（=0.01）は1分（ぶ）　割合$\frac{1}{1000}$（=0.001）は1厘

百分率も歩合も，割合の表し方の１つです。百分率はパーセント［％］で，歩合は割，分，厘で表します。

例 割合$\frac{10}{100}$（=0.1）→ 百分率：0.1×100=10％（割合×100）

→ 歩　合：1割（○割○分○厘）

例 割合$\frac{3}{100}$（=0.03）→ 百分率：0.03×100=3％（割合×100）

→ 歩　合：3分（○割○分○厘）

例 割合0.05 → 百分率：0.05×100=5％ → 歩合：5分

例 割合0.35 → 百分率：0.35×100=35％ → 歩合：3割5分

問 次の割合を百分率と歩合で表しなさい。

①割合$\frac{3}{10}$（=0.3）

百分率：0.3×［1］=［2］％　歩合：［3］割

②割合$\frac{3}{1000}$（=0.003）

百分率：［4］×100=［5］％　歩合：［6］厘

5-1 解答　❶10　❷15　❸3

5-3

割増し・割引き

ルール

① 割増し　100円の２割増しの値段：100×(1＋0.2)円
② 割引き　100円の２割引きの値段：100×(1－0.2)円

100円の２割増しの値段を計算します。100円の２割は20円（100円×0.2）ですから，100円の２割増しの値段は，

100円＋100円×0.2＝100＋20＝120円　（100円の２割）

この計算式は，次のようにかっこを使ってまとめることができます。

100円＋100円×0.2＝100円×(1＋0.2)　（100をくくり出す）

同様に，100円の２割引きの値段は，次のように計算できます。

100円－100円×0.2＝100円×(1－0.2)＝80円　（100円の２割）（100をくくり出す）

問1 120円の20％増しの値段を求めなさい。

120円×(1＋［1］)＝120円×［2］＝［3］円　（20％＝２割＝0.2）

問2 150円の20％引きの値段を求めなさい。

150円×(1－［4］)＝150円×［5］＝［6］円

100円の２割増しの値段を，さらに２割引きした値段はいくらでしょうか。はじめの100円に戻ると思う人がいるかもしれませんが，そうはなりません。

100円×(1＋0.2)×(1－0.2)＝100×1.2×0.8　（100円の２割増し＝Ⓐ）（２割引き＝Ⓑ）（ⒷはⒶ全体に掛かる）

＝120×0.8＝96円

5-4

比・比の値・比の性質

ルール

〈1〉比・比の値

$$2:3(\text{比})=2\div 3=\frac{2}{3}(\text{比の値})$$

〈2〉比の性質

$$a:b=(a\times c):(b\times c)$$
$$a:b=(a\div c):(b\div c)$$

〈3〉比例式

$a:b=c:d$ のとき $bc=ad$

■比・比の値

抵抗$R_1=10\Omega$, $R_2=20\Omega$のとき，抵抗$R_2[\Omega]$の大きさに対する$R_1[\Omega]$の大きさの割合は$\frac{1}{2}$です。

$$\frac{\text{抵抗}R_1[\Omega]\text{の大きさ}}{\text{抵抗}R_2[\Omega]\text{の大きさ}}=\frac{1}{2}$$ ← 比べる量÷基準にする量

この割合$\frac{1}{2}$を1：2のように表したものを比といいます。このとき，比べる量を前に（前項），基準にする量を後に書きます（後項）。また，前項を後項で割った値$\frac{1}{2}$を比の値といいます。

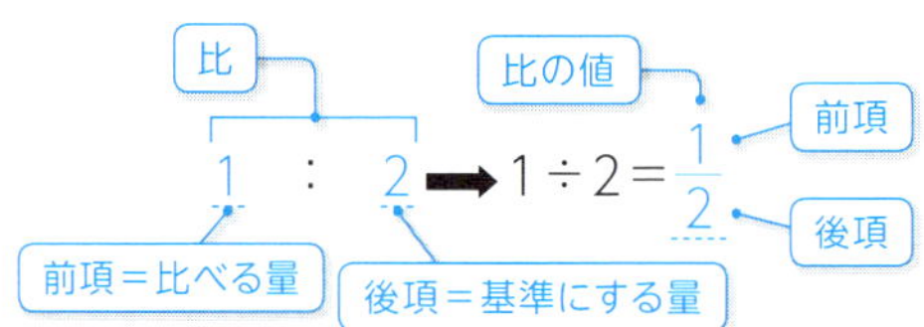

■比の性質

比には，次のような性質があります。

$a:b=(a\times c):(b\times c)$ ← aとbに同じ数を掛けても比は等しい

$a:b=(a\div c):(b\div c)$ ← aとbを同じ数で割っても比は等しい

この性質を使うと，比を簡単にすることができます。

5-3解答 ❶0.2 ❷1.2 ❸144 ❹0.2 ❺0.8 ❻120

例 12：8＝3：2 ← それぞれを4で割っても比は等しい

45：25＝9：5 ← それぞれを5で割っても比は等しい

この例からもおわかりのように，比の２つの数の最大公約数で割ると比を簡単にすることができます。

■比例式

$a:b=c:d$のような式を比例式といいます。比例式では，内項の積と外項の積が等しくなります。

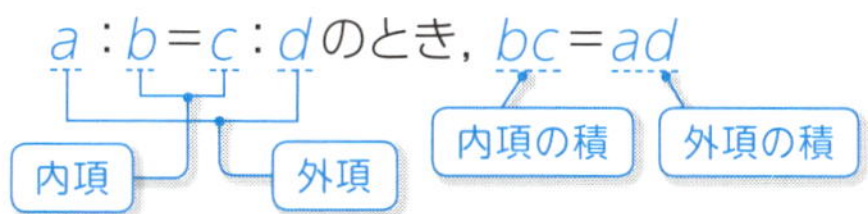

例 1次側のコイルの巻数N_1と2次側のコイルの巻数N_2の比が3：1の変圧器があり，1次側の電圧V_1に12Vを加えたとき，2次側の電圧V_2が何Vになるかを求めます。

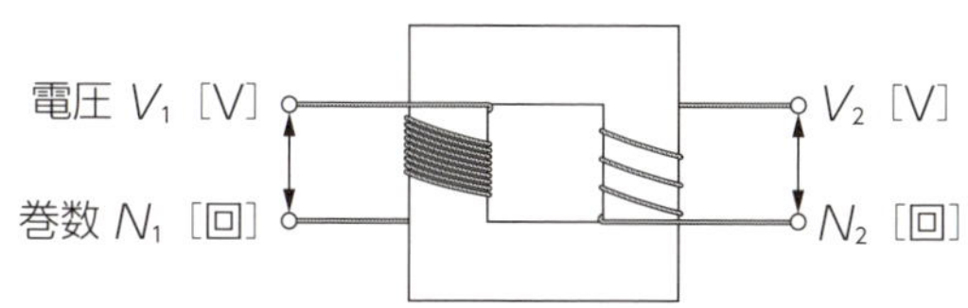

この場合，次のような式が成り立ちます。

$$\frac{V_1}{V_2}=\frac{N_1}{N_2} \qquad V_1:V_2=N_1:N_2$$

$V_1:V_2=N_1:N_2$において，$N_1:N_2=3:1$，$V_1=12$Vを代入すると，

$12:V_2=3:1$，$3\times V_2=12\times 1$，$3V_2=12$，$V_2=4$V

（$3\times V_2$：内項の積，12×1：外項の積，4：$12\div 3$）

問 12：18＝a：12のとき，aの値を求めなさい。

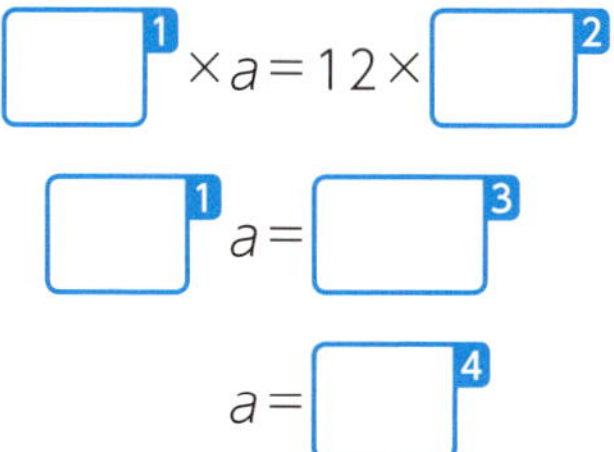

分圧と割合

ルール

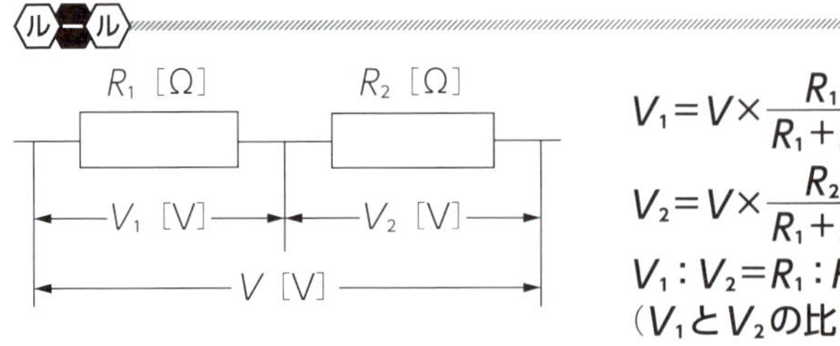

$$V_1 = V \times \frac{R_1}{R_1 + R_2} \text{[V]}$$

$$V_2 = V \times \frac{R_2}{R_1 + R_2} \text{[V]}$$

$$V_1 : V_2 = R_1 : R_2$$

（V_1とV_2の比はR_1とR_2の比に等しい）

上の図において全電流をI[A] とするとき，電流I[A] はオームの法則から次のように表すことができます。

$$I = (\text{電圧 } V\text{[V]}) \div (R_1\text{と}R_2\text{の直列の合成抵抗}) = \frac{V}{R_1 + R_2}$$

（÷：$V=RI$より）（R_1+R_2：直列の合成抵抗）

ここで，V_1の値を求めます。

$$V_1 = R_1 I = R_1 \times \frac{V}{R_1 + R_2} = V \times \frac{R_1}{R_1 + R_2} \quad \cdots①$$

（Iに代入）（$\frac{R_1}{R_1+R_2}$：2つの抵抗の和に対するR_1の割合）

この式は，電圧V_1[V] は，全電圧V[V] に2つの抵抗の和（抵抗R_1[Ω]，R_2[Ω]）に対するR_1[Ω] の割合を掛けて求めることができるということを表しています。これを電圧の分圧といいます。同様に，

$$V_2 = R_2 I = R_2 \times \frac{V}{R_1 + R_2} = V \times \frac{R_2}{R_1 + R_2} \quad \cdots②$$

（$\frac{R_2}{R_1+R_2}$：2つの抵抗の和に対するR_2の割合）

また，電圧V_1[V] とV_2[V] の比は次のように計算できます。

$$V_1 : V_2 = V \times \frac{R_1}{R_1 + R_2} : V \times \frac{R_2}{R_1 + R_2} = R_1 \times \frac{V}{R_1 + R_2} : R_2 \times \frac{V}{R_1 + R_2}$$

$$= R_1 : R_2$$

（式①より）（式②より）（$\frac{V}{R_1+R_2}$：同じもの）

5-4 解答 ❶18 ❷12 ❸144 ❹8

例 **図において，抵抗 R_1[Ω]，R_2[Ω] に加わる電圧 V_1[V]，V_2[V] の大きさを電圧の分圧を求める式で計算します。**

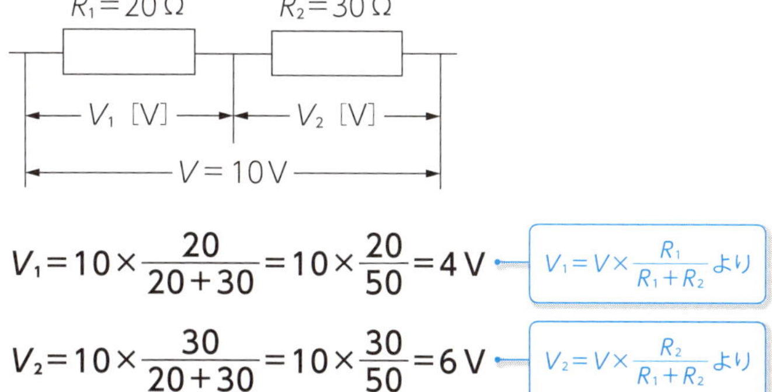

$$V_1=10\times\frac{20}{20+30}=10\times\frac{20}{50}=4\,\mathrm{V}$$

$$V_2=10\times\frac{30}{20+30}=10\times\frac{30}{50}=6\,\mathrm{V}$$

全電圧 V[V] と抵抗 R_1[Ω]，R_2[Ω] の大きさがわかると，それぞれの抵抗に加わる電圧 V_1[V]，V_2[V] の大きさを，分圧の式から求めることができます。

問 図において，電圧 V_1[V]，V_2[V] を求めなさい。

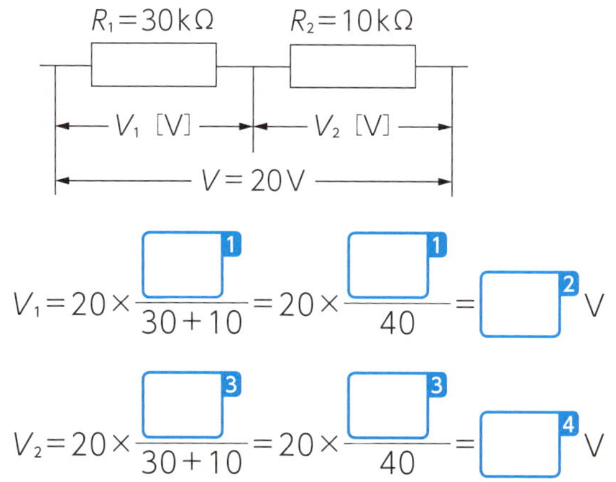

つまずくのはここだ！

ルールの図のような２つの抵抗 R_1[Ω]，R_2[Ω] を直列に接続した回路では，それぞれの抵抗に流れる電流の大きさは同じです。

抵抗 R_1[Ω] の電流の大きさ＝抵抗 R_2[Ω] の電流の大きさ

5-6

分流と割合

ルール

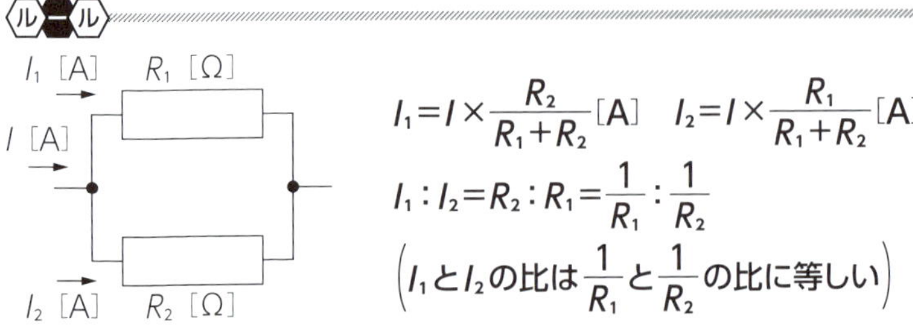

$$I_1 = I \times \frac{R_2}{R_1 + R_2} \text{[A]} \quad I_2 = I \times \frac{R_1}{R_1 + R_2} \text{[A]}$$

$$I_1 : I_2 = R_2 : R_1 = \frac{1}{R_1} : \frac{1}{R_2}$$

（I_1とI_2の比は$\frac{1}{R_1}$と$\frac{1}{R_2}$の比に等しい）

上の図において全電圧をV[V]とするとき，電圧V[V]はオームの法則から次のように表すことができます。

$$V = (\text{電流 } I\text{[A]}) \times (R_1 \text{と} R_2 \text{の並列の合成抵抗}) = I \times \frac{R_1 \times R_2}{R_1 + R_2}$$

（$V=RI$より）（並列の合成抵抗）

ここで，I_1[A]の値を求めます。

$$I_1 = \frac{V}{R_1} = \left(I \times \frac{R_1 \times R_2}{R_1 + R_2}\right) \times \frac{1}{R_1} = I \times \frac{R_1 \times R_2}{R_1 + R_2} \times \frac{1}{R_1} = I \times \frac{R_2}{R_1 + R_2} \quad \cdots①$$

（代入）（R_1の逆数を掛ける）（R_1で約分）（2つの抵抗の和に対するR_2の割合）

この式は，電流I_1[A]は，全電流I[A]に2つの抵抗の和（抵抗R_1[Ω]，R_2[Ω]）に対するR_2[Ω]の割合を掛けて求めることができるということを表しています。これを電流の分流といいます。同様に，

$$I_2 = \frac{V}{R_2} = \left(I \times \frac{R_1 \times R_2}{R_1 + R_2}\right) \times \frac{1}{R_2} = I \times \frac{R_1 \times R_2}{R_1 + R_2} \times \frac{1}{R_2} = I \times \frac{R_1}{R_1 + R_2} \quad \cdots②$$

（R_2の逆数を掛ける）（R_2で約分）（2つの抵抗の和に対するR_2の割合）

また，電流I_1[A]とI_2[A]の比は次のように計算できます。

5-5 解答　❶30　❷15　❸10　❹5

$$I_1 : I_2 = I \times \frac{R_2}{R_1+R_2} : I \times \frac{R_1}{R_1+R_2} = R_2 \times \frac{I}{R_1+R_2} : R_1 \times \frac{I}{R_1+R_2} = R_2 : R_1$$

式①より　式②より　同じもの

$$I_1 : I_2 = R_2 : R_1 = R_2 \div R_1R_2 : R_1 \div R_1R_2 = \frac{R_2}{R_1R_2} : \frac{R_1}{R_1R_2} = \frac{1}{R_1} : \frac{1}{R_2}$$

$R_1 : R_2$の前項と後項をR_1R_2で割る

例 **図において，抵抗R_1[Ω]，R_2[Ω]に流れる電流I_1[A]，I_2[A]の大きさを電流の分流を求める式で計算します。**

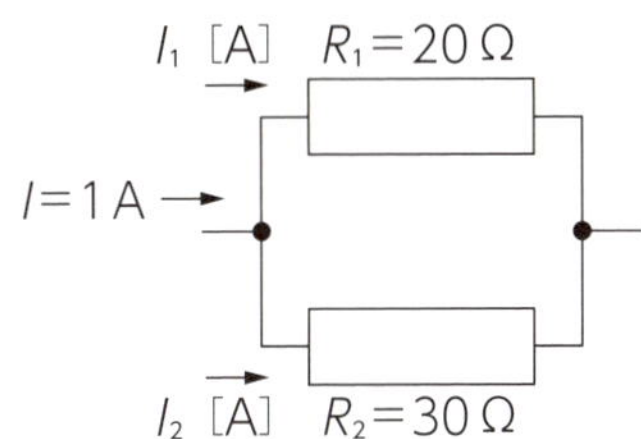

$$I_1 = 1 \times \frac{30}{20+30} = 1 \times \frac{30}{50} = 0.6\,\text{A}$$ 　$I_1 = I \times \frac{R_2}{R_1+R_2}$より

$$I_2 = 1 \times \frac{20}{20+30} = 1 \times \frac{20}{50} = 0.4\,\text{A}$$ 　$I_2 = I \times \frac{R_1}{R_1+R_2}$より

問 図において，電流I_1[A]，I_2[A]を求めなさい。

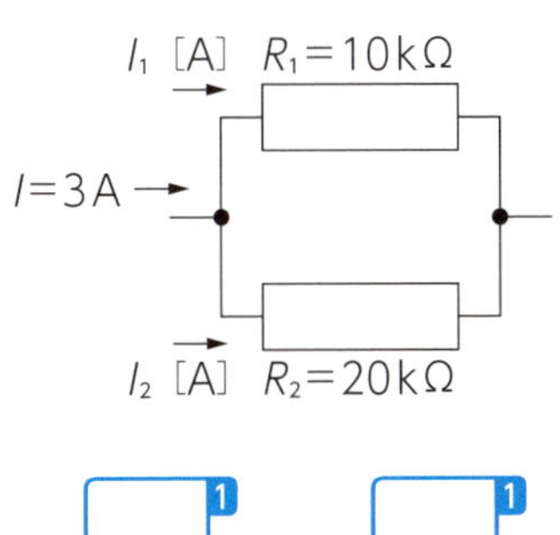

$$I_1 = 3 \times \frac{\boxed{}^{1}}{10+20} = 3 \times \frac{\boxed{}^{1}}{30} = \boxed{}^{2}\,\text{A}$$

$$I_2 = 3 \times \frac{\boxed{}^{3}}{10+20} = 3 \times \frac{\boxed{}^{3}}{30} = \boxed{}^{4}\,\text{A}$$

5-7

比例・反比例

ルール

〈1〉 2つの量x, yがあり, xが2倍, 3倍…になると, yも2倍, 3倍…になる場合, yはxに比例するといいます。

〈2〉 2つの量x, yがあり, xが2倍, 3倍…になると, yが$\frac{1}{2}$倍, $\frac{1}{3}$倍…になる場合, yはxに反比例するといいます。

長さがL[m], 断面積がA[mm²] の電線があるとき, 電線の抵抗R[Ω] は, 電線の長さに比例, 電線の断面積の大きさに反比例します。

このとき, 抵抗R[Ω] は, 次のような式で表すことができます。

$$R=\rho\frac{L}{A}\,[\Omega]\ (\rho\,[\Omega\cdot mm^2/m]:抵抗率)$$

■比例…電線の長さと抵抗

表Aは電線の長さL[m] が2倍, 3倍, 4倍…のように長くなるとき, 抵抗の大きさも2倍, 3倍, 4倍…のように大きくなることを表しています。このとき, 抵抗R[Ω] の大きさは, 長さL[m] に比例するといいます。

長さ L[m]	1	2	3	4	…
抵抗 R[Ω]	2	4	6	8	…

表A

（図中注記：2倍、3倍、4倍）

このことを次の①式から確認します。

$$R=\rho\frac{L}{A}\,[\Omega]\ (\rho\,[\Omega\cdot mm^2/m]:抵抗率)\ \cdots①$$

ここでは, 断面積A[mm²] の大きさは一定とします。

まず, 電線の長さL[m] が2倍になるときの抵抗を考えます。はじめの抵抗をR_1[Ω], 電線の長さが2倍になったときの抵抗をR_2[Ω] とすると,

$$R_2=\rho\frac{2L}{A}=2\times\rho\frac{L}{A}=2\times R_1=2R_1$$

（注記：長さLが2倍になる／はじめの抵抗R_1の2倍／式①より）

これより, 電線の長さL[m] が2倍になるとき, 抵抗R_2[Ω] も抵抗R_1[Ω] の2倍になることがわかります。同様に, 長さL[m] が3倍になるときは,

5-6 解答 ❶20 ❷2 ❸10 ❹1

$$R_3 = \rho\frac{3L}{A} = 3\times\rho\frac{L}{A} = 3\times R_1 = 3R_1$$

長さLが3倍になる

はじめの抵抗R_1の3倍

式①より

となり，抵抗R_3[Ω]は，はじめの抵抗R_1[Ω]の3倍になります。このように，電線の長さが2倍，3倍，4倍…になるとき，抵抗の大きさも2倍，3倍，4倍…になることが式からも確認できます。

■反比例…電線の断面積と抵抗

表Bは電線の断面積の大きさA[mm²]が2倍，3倍，4倍…のように大きくなるとき，抵抗の大きさは$\frac{1}{2}$倍，$\frac{1}{3}$倍，$\frac{1}{4}$倍…のように小さくなることを表しています。このとき，抵抗R[Ω]の大きさは，断面積の大きさA[mm²]に反比例するといいます。

断面積A[mm²]	1	2	3	4	…
抵抗R[Ω]	2	1	0.66	0.5	…

表B

このことを式①から確認します。

ここでは，電線の長さL[m]は一定とします。

まず，電線の断面積A[mm²]が2倍になるときの抵抗を考えます。はじめの抵抗をR_1[Ω]，電線の断面積が2倍になったときの抵抗をR_2[Ω]とすると，

$$R_2 = \rho\frac{L}{2A} = \frac{1}{2}\times\rho\frac{L}{A} = \frac{1}{2}\times R_1 = \frac{1}{2}R_1$$

式①より

断面積Aが2倍になる

はじめの抵抗R_1の$\frac{1}{2}$倍

これより，電線の断面積A[mm²]が2倍になるときには，抵抗R_2[Ω]は抵抗R_1[Ω]の$\frac{1}{2}$倍になることがわかります。同様に，断面積A[mm²]が3倍になるときは，

$$R_3 = \rho\frac{L}{3A} = \frac{1}{3}\times\rho\frac{L}{A} = \frac{1}{3}\times R_1 = \frac{1}{3}R_1$$

式①より

断面積Aが3倍になる

はじめの抵抗R_1の$\frac{1}{3}$倍

となり，抵抗R_3[Ω] ははじめの抵抗R_1[Ω] の$\frac{1}{3}$倍になります。

例 **長さ8 mの軟銅線（なんどうせん）の断面積が4倍になるとき，抵抗の値が変わらないためには軟銅線の長さを何mにすればいいかを考えます。**

$R=\rho\frac{L}{A}$[Ω] から，断面積A[mm²] が4倍になると抵抗の値は$\frac{1}{4}$になります。このとき抵抗の値が変わらないようにするためには，長さL[m] も4倍にします。

$$R=\rho\frac{4\times L}{4\times A}$$

Rの値が変わらないためには，Aが4倍になったらLも4倍になればよい

よって，求める長さは，

$$L=8\times4=32\text{ m}$$

問 直径2 mm，長さ4 mの軟銅線aがある。このとき，抵抗が等しくなる直径4 mmの軟銅線bの長さは何mになるかを求めなさい。

軟銅線aの断面積A

$=\pi\times\frac{\boxed{}^{1}}{2}\times\frac{\boxed{}^{1}}{2}=\boxed{}^{2}\pi$[mm²]

断面積$=\pi r^2$
(r=半径)

軟銅線bの断面積A'

$=\pi\times\frac{\boxed{}^{3}}{2}\times\frac{\boxed{}^{3}}{2}=\boxed{}^{4}\pi$[mm²]

断面積$=\pi r^2$
(r=半径)

$R=\rho\frac{L}{A}$[Ω] より，断面積Aが4倍になるとき電気抵抗Rが変わらないためには，Lも$\boxed{}^{5}$倍になればいい。

よって，求める長さは，$L=4\times\boxed{}^{5}=\boxed{}^{6}$ m

5-8

電力と比例・反比例

ルール

電力$P=V\times I=R\times I^2=\dfrac{V^2}{R}$ [W]

V[V]：電圧，I[A]：電流，R[Ω]：抵抗

電力P[W] は，電圧V[V] と電流I[A] の掛け算で表すことができます。

$$P=V\times I=R\times I^2=\frac{V^2}{R}$$

オームの法則より$V=R\times I$を代入

オームの法則より$I=\dfrac{V}{R}$を代入

電力$P=R\times I^2$の式は，抵抗Rが一定の値のとき，電力Pは電流Iの２乗に比例することを表しています。これは，I^2の値が２倍，３倍…になるときに電力Pの値が２倍，３倍…になるということで，電流Iの値が２倍，３倍…になるときに電力Pの値が２倍，３倍…になるということではありません。

例 2Ωの抵抗Rに電流Iを１A，２A，３A，４A流したときの電力Pを求め，それを表にします。

抵抗Rが２Ωのときの電力は，$P=R\times I^2=2I^2$[W]

$I=1$Aのときの電力$P=2I^2=2\times1^2=2$W，同様に$I=2$A，3A，4Aのときの電力を求めると表のようになります。

I[A]	1	2	3	4
P[W]	2	8	18	32

（I：2倍，3倍，4倍　P：4倍，9倍，16倍）

問 10Ωの抵抗Rに電流Iを３A流したときの電力Pを求めなさい。

抵抗Rが10Ωのときの電力は，$P=R\times I^2=10I^2$[W]

$I=3$Aのときの電力$P=10I^2=10\times$ [1] $^2=10\times$ [2]

$=$ [3] W

5-7 解答　❶2　❷1　❸4　❹4　❺4　❻16

• COLUMN •

万有引力の法則と比例・反比例

質量m_1[kg]，m_2[kg] の２つの物体の間に働く力F[N] の大きさは，次のような万有引力の法則で表すことができます。

──２つの物体の間に働く力F[N] の大きさは，質量m_1[kg]，m_2[kg] の積に比例し，質量m_1とm_2の距離r[m] の２乗に反比例する──

$$F=G\frac{m_1m_2}{r^2}\ [\mathrm{N}]\ (G：万有引力定数)$$

・質量m_1[kg]，m_2[kg] の積に比例
・距離r[m] の２乗に反比例

といわれると，難しいと思う人がいるかもしれませんが，落ち着いて考えてみればきちんと理解することができます。

まず，質量m_1[kg]，m_2[kg] の積に比例するということは，

$m_1 \times m_2$の値が２倍，３倍になると，力F[N] の大きさも２倍，３倍になることを意味しています。

ということは，質量m_1[kg] が一定で，m_2[kg] だけが２倍なるときも，力F[N] の大きさは２倍になります。

同様に，質量m_2[kg] が一定で，質量m_1[kg] だけが２倍になるときも，力F[N] の大きさは２倍になります。

では，質量m_1[kg]，m_2[kg] の両方が２倍になるときはどうでしょうか。このときは，２×２で力の大きさF[N] は４倍になります。

一方，距離r[m] の値が２倍，３倍になるとき，力F[N] の大きさは何倍になるでしょうか。この場合はそれぞれ，

$$\left(\frac{1}{2}\right)^2=\frac{1}{2}\times\frac{1}{2}=\frac{1}{4}倍$$

$$\left(\frac{1}{3}\right)^2=\frac{1}{3}\times\frac{1}{3}=\frac{1}{9}倍$$

になります。

5-8 解答　❶3　❷9　❸90

三角関数

第6章の内容

正弦波交流の電圧や電流の式を考えるときには，

$$y=\boxed{10}\sin\left(\boxed{2}\theta+\boxed{\frac{\pi}{3}}\right)$$

㋐　㋑　㋒

のような三角関数で表された式を理解する必要があります。

この式には㋐㋑㋒の３つの数があります。

三角関数は，はじめに三角関数 $y=\sin\theta$ がどのようなことを表しているのか，次に三角関数 $y=\sin\theta$ の意味を考えながら，㋐㋑㋒のような数があるときこの式がどのようなことを表しているかがわかると理解することができます。

第6章では，順を追ってそのことについて解説します。

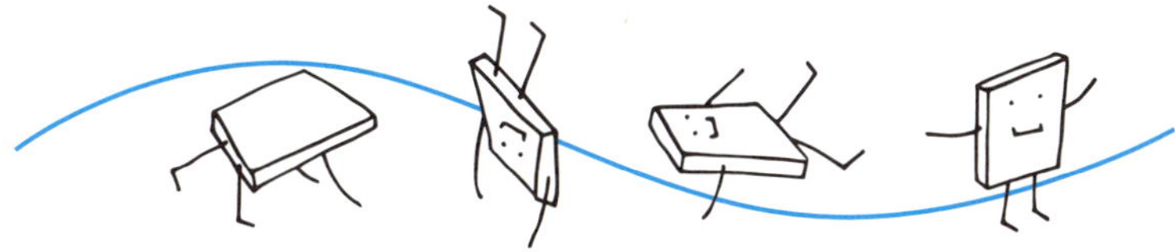

6-1

三平方の定理と特別な直角三角形の3辺の比

ルール

直角三角形ABCにおいて，直角をはさむ2辺の長さをa，b，斜辺の長さをcとするとき，下のような関係が成り立ちます。これを三平方の定理といいます。

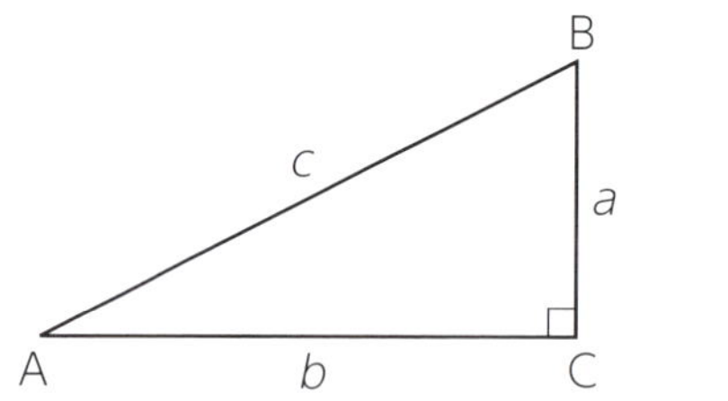

$$a^2+b^2=c^2$$

直角三角形の2辺の長さがわかると，三平方の定理から残りの辺の長さを求めることができます。

本節で扱うのは「特別な直角三角形の3辺の比」です。これらの比は，覚えておくと役に立ちます。

■30°, 60°, 90°の三角形

直角三角形ABCにおいて∠A＝30°，∠B＝60°のときの辺BC，AB，ACの長さの比は$1:2:\sqrt{3}$となります。これは，三平方の定理によって確かめることができます。

辺BC＝1 cm，AC＝$\sqrt{3}$ cmのとき，残りの辺ABの長さxを次のように求めます。

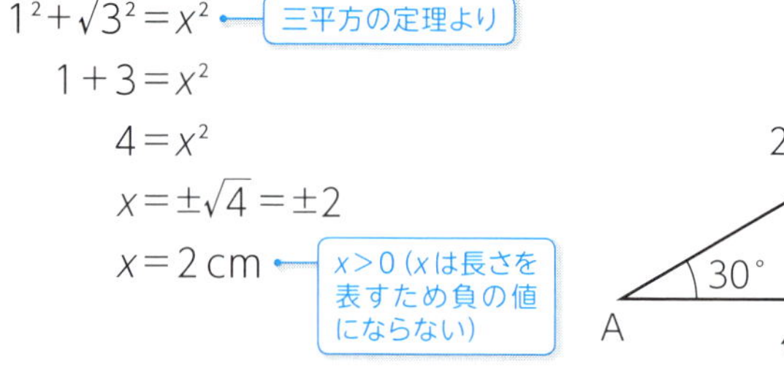

$$1^2+\sqrt{3}^2=x^2$$

$$1+3=x^2$$

$$4=x^2$$

$$x=\pm\sqrt{4}=\pm2$$

$$x=2\text{ cm}$$

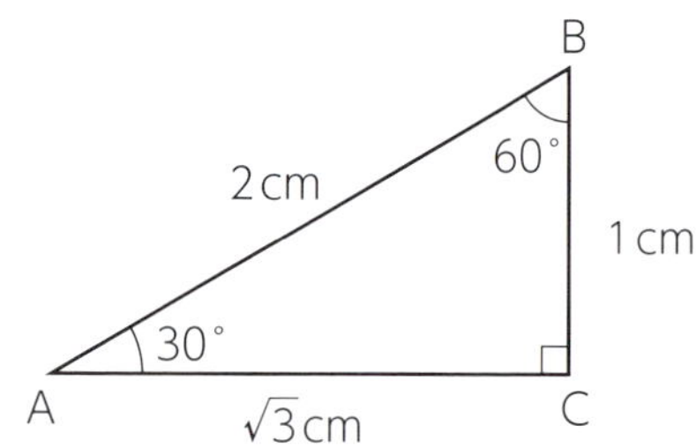

■45°, 45°, 90°の三角形

直角二等辺三角形ABCにおいて∠A＝45°，∠B＝45°のときの辺BC，AC，ABの比は1：1：$\sqrt{2}$となります。これも「30°，60°，90°の三角形」と同様に三平方の定理によって確かめることができます。

辺BC＝1 cm，AC＝1 cmのとき，残りの辺ABの長さxを求めます。

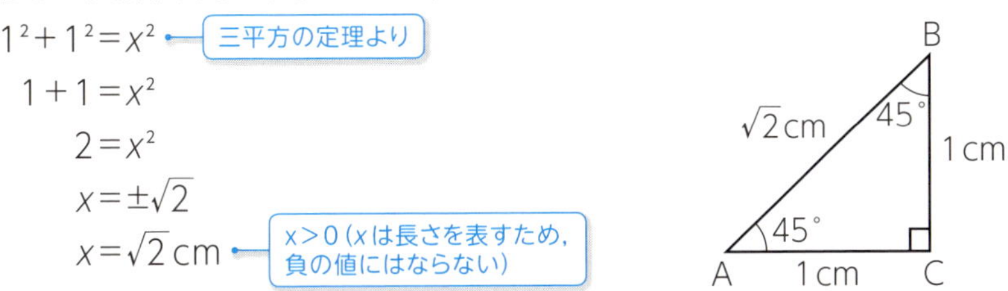

問 図のような辺BC＝3 cm，AC＝4 cmの直角三角形があるとき，残りの辺xの長さを求めなさい。

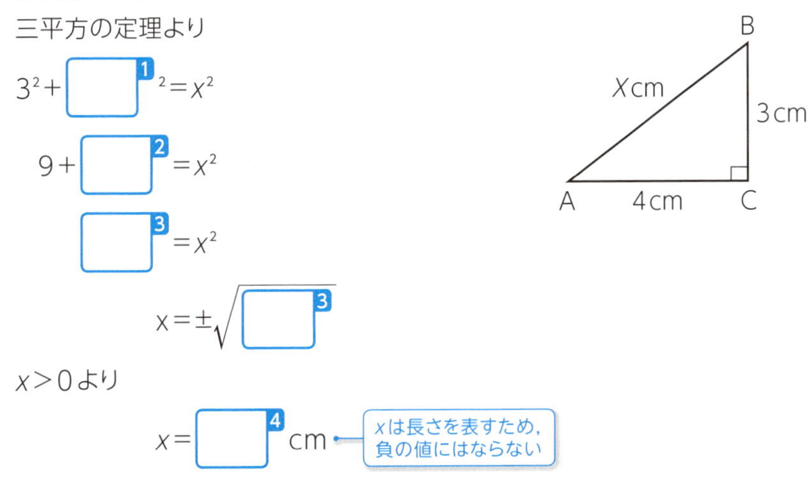

$AB^2=AC^2+BC^2$からABを求めると，$AB=\pm\sqrt{AC^2+BC^2}$となります。このとき，ABは辺の長さであり負の値にはならないため，$AB=\sqrt{AC^2+BC^2}$となります。

三角比（$\sin\theta$, $\cos\theta$, $\tan\theta$）

ルール

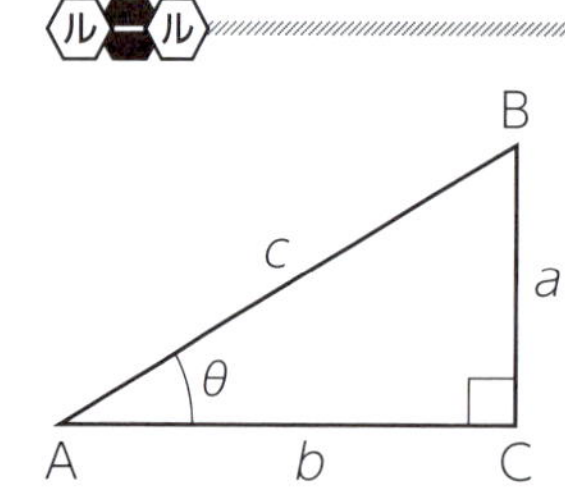

$$\sin\theta = \frac{辺BCの長さ}{辺ABの長さ} = \frac{a}{c}$$

$$\cos\theta = \frac{辺ACの長さ}{辺ABの長さ} = \frac{b}{c}$$

$$\tan\theta = \frac{辺BCの長さ}{辺ACの長さ} = \frac{a}{b}$$

上の図は，角Aの大きさがθ（$0^\circ < \theta < 90^\circ$），辺BCの長さが$a$，辺ACの長さが$b$，辺ABの長さが$c$の直角三角形です。

辺ABの長さに対する辺BCの長さの比は，次のように表すことができます。

$$辺ABの長さに対する辺BCの長さの比 = \frac{辺BCの長さ}{辺ABの長さ} = \frac{a}{c}$$

この比を角θの正弦（またはサイン）といい，$\sin\theta$と表します。また，辺ABの長さに対する辺ACの長さの比を角θの余弦（またはコサイン）といい，$\cos\theta$と表します。そして，辺ACの長さに対する辺BCの長さの比を角θの正接（またはタンジェント）といい，$\tan\theta$と表します。$\sin\theta$，$\cos\theta$，$\tan\theta$は，各辺の比の値を表します。

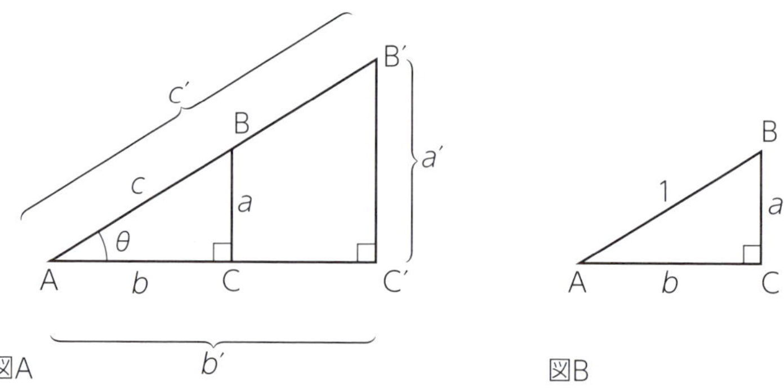

図A　　図B

ここで，図Aのような2つの直角三角形ABCとAB′C′を考えます。三角形ABCとAB′C′は角Aの大きさがθ，角CとC′が直角であるため相似です。したがって，次のことが成り立ちます。

6-1 解答　❶4　❷16　❸25　❹5

$$\sin\theta = \frac{\text{辺BCの長さ}}{\text{辺ABの長さ}} = \frac{a}{c} = \frac{a'}{c'}$$ θをはさまない2辺

$$\cos\theta = \frac{\text{辺ACの長さ}}{\text{辺ABの長さ}} = \frac{b}{c} = \frac{b'}{c'}$$ θをはさむ2辺

$$\tan\theta = \frac{\text{辺BCの長さ}}{\text{辺ACの長さ}} = \frac{a}{b} = \frac{a'}{b'}$$ 直角をはさむ2辺

また，三角形の辺ABの長さに対する辺BCの長さの比は辺ABの長さと辺BCの長さに関係なく同じ値になるため，図Bのように斜辺の長さcを1としたときには，

$$\sin\theta = \frac{a}{1} = a$$ 三角形の高さ

$$\cos\theta = \frac{b}{1} = b$$ 三角形の底辺

になります。

問 図のような直角三角形のsin 30°，cos 30°，tan 30°の値を求めなさい。

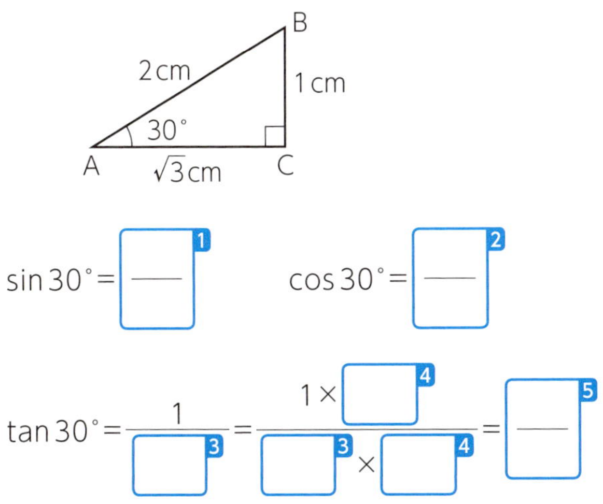

6-3

角の大きさを表す単位・ラジアン[rad]

ルール

角の大きさを表すときは，°を用いる方法（度数法）とrad（ラジアン）を用いる方法（弧度法）があります。

平面角[rad]$=\dfrac{\text{弧の長さ}}{\text{円の半径}}$

円を1周したときの中心角の大きさ360°を弧度法で表すと

360°$=2\pi$[rad]

弧度とは，弧の長さが半径に比例することを利用したもので，

平面角[rad]$=\dfrac{\text{弧の長さ}}{\text{円の半径}}$ ← 長さの比で角度が表せる

という関係が成り立ちます。図Aのように，半径rに対して円弧の長さがrのとき（円弧の長さが半径rの長さの1倍）の中心角の大きさが1[rad]になります。

$$\frac{\text{弧の長さ}}{\text{円の半径}}=\frac{1}{1}=1\,[\text{rad}]$$

同様に，図Bのように，半径rに対して円弧の長さが$2r$になるとき（円弧の長さが半径rの長さの2倍）の中心角の大きさが2[rad]です。

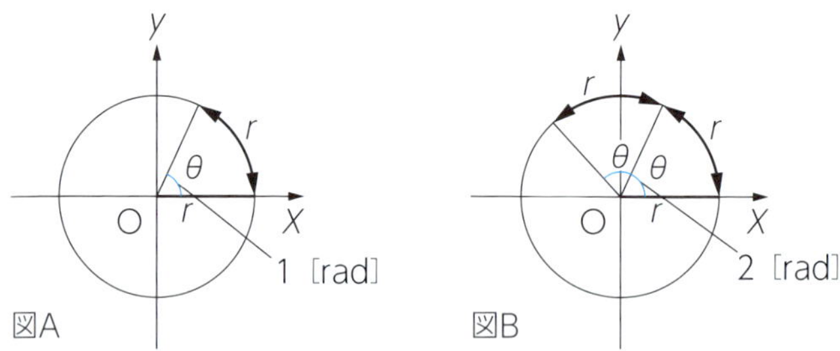

では，半径rに対して，円の周りを1周したときの中心角の大きさは何[rad]になるでしょうか。半径がrのときの円周の長さは$2\pi r$です。よって，円の周りを1周したときの中心角の大きさは2π[rad]になります。

$$\frac{2\pi r}{r}=2\pi\,[\text{rad}]$$ ← $\dfrac{\text{弧の長さ}}{\text{円の半径}}$

したがって，次のことが成り立ちます。

6-2 解答 ❶$\frac{1}{2}$ ❷$\frac{\sqrt{3}}{2}$ ❸$\sqrt{3}$ ❹$\sqrt{3}$ ❺$\frac{\sqrt{3}}{3}$

$360° = 2\pi$ [rad] ← $180° = \pi$ [rad] → $1° = \frac{\pi}{180}$ [rad]

度数法と弧度法の関係は次のようになります。

度数法 [°]	0	30	45	60	90	120	150	180	210	240	270	300	330	360
弧度法 [rad]	0	$\frac{\pi}{6}$	$\frac{\pi}{4}$	$\frac{\pi}{3}$	$\frac{\pi}{2}$	$\frac{2\pi}{3}$	$\frac{5\pi}{6}$	π	$\frac{7\pi}{6}$	$\frac{4\pi}{3}$	$\frac{3\pi}{2}$	$\frac{5\pi}{3}$	$\frac{11\pi}{6}$	2π

問1 次の角の大きさをラジアンで表しなさい。

$180° = \pi$ [rad] より，$1° = \frac{\pi}{180}$ [rad]

① $30° = 30 \times \frac{\pi}{\boxed{}_{1}} = \frac{\pi}{\boxed{}_{2}}$ [rad]

② $220° = 220 \times \frac{\pi}{\boxed{}_{3}} = \frac{\boxed{}_{4}\pi}{9}$ [rad]

問2 次の角の大きさを度数で表しなさい。

π [rad] $= 180°$ より，1 [rad] $= \frac{180°}{\pi}$

① $\frac{\pi}{6}$ [rad] $= \frac{\pi}{6} \times \frac{\boxed{}_{5}}{\pi} = \frac{\boxed{}_{5}}{6} = \boxed{}_{6}$。

② $\frac{2\pi}{3}$ [rad] $= \frac{2\pi}{3} \times \frac{\boxed{}_{7}}{\pi} = 2 \times \frac{\boxed{}_{7}}{3} = \boxed{}_{8}$。

角の大きさが 1°と 1 [rad] ではどちらが大きいか。一瞬「えっ」と思う人がいるかもしれませんが，簡単に求めることができます。

$360° = 2\pi$ [rad] ですから，1 [rad] $= \frac{180°}{\pi}$

$\pi = 3.14$ とすると，1 [rad] $\fallingdotseq 57.3°$ になります。

6-4

三角関数

ルール

半径 r の円において，動径（自由に動く半径）OP の表す角の大きさを θ，点 P の座標を $(x,\ y)$ とするとき，

$\sin\theta=\dfrac{y}{r}$　　$\cos\theta=\dfrac{x}{r}$　　$\tan\theta=\dfrac{y}{x}$　　（$\sin\theta$，$\cos\theta$，$\tan\theta$ の値は，半径 r の長さに関係なく同じ）

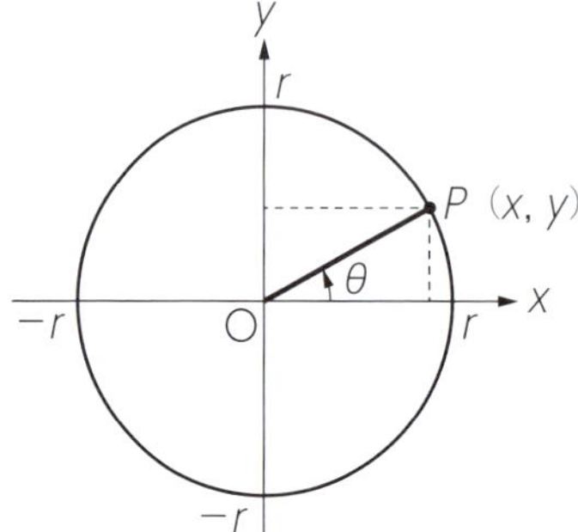

半径 r の長さが1の円（単位円）を考えたとき

$$\sin\theta=\frac{y}{1}=y$$

$$\cos\theta=\frac{x}{1}=x$$

$$\tan\theta=\frac{y}{x}$$

$\sin\dfrac{\pi}{6}$ の値を求めます。上の図において，$r=1$ の円を単位円といいます。

$\sin\dfrac{\pi}{6}$ の値は点 P の y 座標の値になりますが，これを求めるには図Aのような

直角三角形を考えます。

$$\frac{\pi}{6}\,[\mathrm{rad}]=30^\circ$$ ← $\pi=180^\circ$ より

ですから，三平方の定理より（122ページ参照）

$$\text{辺}\,\mathrm{O}x=\frac{\sqrt{3}}{2},\quad \text{辺}\,xP=\frac{1}{2}$$ ← $1^2=\left(\dfrac{\sqrt{3}}{2}\right)^2+\left(\dfrac{1}{2}\right)^2$

になり，点 P の座標は $\left(\dfrac{\sqrt{3}}{2},\ \dfrac{1}{2}\right)$ となります。したがって，

$$\sin\frac{\pi}{6}=\frac{\frac{1}{2}}{1}=\frac{1}{2}$$

（$\frac{1}{2}$：単位円では y 座標）（1：単位円では斜辺＝半径＝1）

となります。

6-3 解答　❶180　❷6　❸180　❹11　❺180　❻30　❼180　❽120

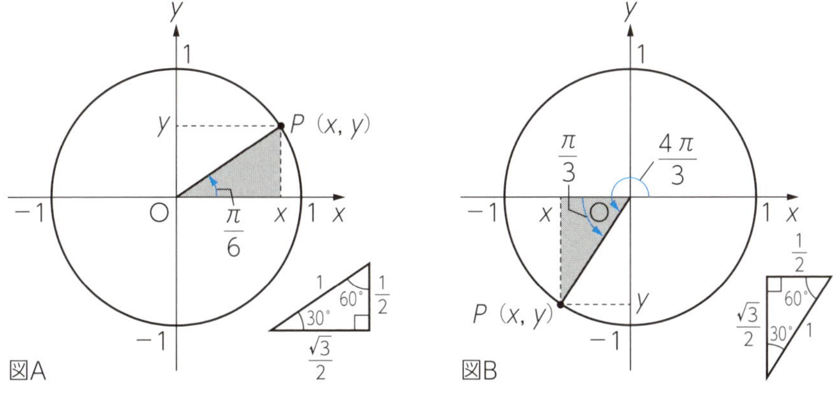

例 $\sin\frac{4\pi}{3}$ **の値**

図Bのような角の大きさが$\frac{\pi}{3}$[rad]の直角三角形を考えます。

$\frac{\pi}{3}$[rad]$=60°$ ← $\pi=180°$より

ですから，三平方の定理より

辺$Ox=\frac{1}{2}$，辺$xP=\frac{\sqrt{3}}{2}$ ← $1^2=\left(\frac{1}{2}\right)^2+\left(\frac{\sqrt{3}}{2}\right)^2$

となります。ここで，点Pの座標は

$\left(-\frac{1}{2}, -\frac{\sqrt{3}}{2}\right)$ ← x座標もy座標も−（マイナス）になることに注意

となるので，

$\sin\frac{4\pi}{3}=\frac{-\frac{\sqrt{3}}{2}}{1}=-\frac{\sqrt{3}}{2}$

（$-\frac{\sqrt{3}}{2}$：単位円ではy座標）（1：単位円では斜辺＝半径＝1）

問 図Aを用いて$\sin\frac{7\pi}{6}$の値を求めなさい。

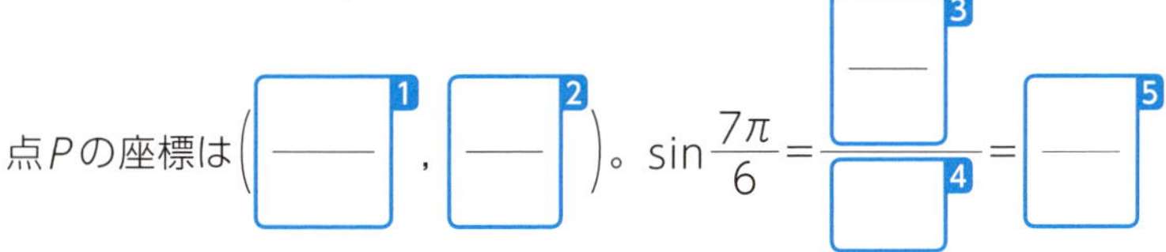

6-5

三角関数のグラフ

ルール

⟨1⟩ $y=\sin\theta$のグラフ

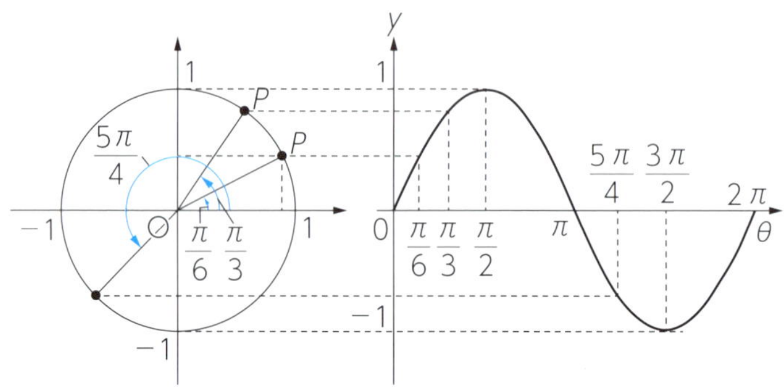

⟨2⟩ $y=\cos\theta$のグラフ

※$y=\sin\theta$と同じようにy軸上に$y=\cos\theta$の値をプロットするために，x座標を90°回転させている。

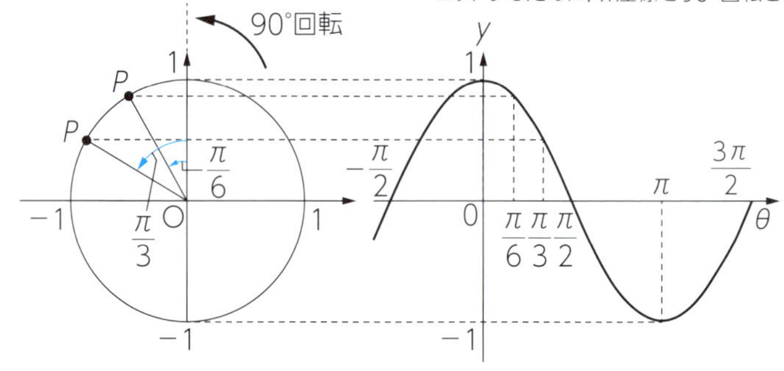

■$y=\sin\theta$のグラフ

ルール⟨1⟩の図の右側は，三角関数$y=\sin\theta$のグラフです。これは何を表しているのでしょうか。

128ページでは，$\sin\dfrac{\pi}{6}$の値を求めましたが，その際にもとになったのは129ページの図Aにおける点Pの座標でした。

$$\sin\frac{\pi}{6}=\frac{\frac{1}{2}}{1}=\frac{1}{2}$$

単位円ではy座標

単位円では斜辺＝半径＝1

6-4 解答　❶$-\dfrac{\sqrt{3}}{2}\left(\dfrac{-\sqrt{3}}{2}\right)$　❷$-\dfrac{1}{2}\left(\dfrac{-1}{2}\right)$　❸$-\dfrac{1}{2}\left(\dfrac{-1}{2}\right)$　❹1　❺$-\dfrac{1}{2}\left(\dfrac{-1}{2}\right)$

$y=\sin\theta$ のグラフは，$\sin\theta$ の θ の値を0から変化させたときに点 P の y 座標の値がどのようになるかを示しています。

$y=\sin\theta$ のグラフ ← 単位円上の点 P が左回りに動いたときの y 座標の値の変化

$y=\sin\theta$ のグラフを正弦波曲線（サインカーブ）といいます。$y=\sin\theta$ の値は，角の大きさ θ だけから求めることができます。

下の表の中段は角の大きさ θ が $\frac{\pi}{6}$，$\frac{\pi}{4}$，$\frac{\pi}{3}$ …2π［rad］と変化したときの $\sin\theta$ の値です。これらの値をグラフにしたものがルール〈1〉の図です。

θ［rad］	0	$\frac{\pi}{6}$	$\frac{\pi}{4}$	$\frac{\pi}{3}$	$\frac{\pi}{2}$	$\frac{2\pi}{3}$	$\frac{3\pi}{4}$	$\frac{5\pi}{6}$	π	$\frac{5\pi}{4}$	$\frac{3\pi}{2}$	2π
$\sin\theta$	0	$\frac{1}{2}$	$\frac{1}{\sqrt{2}}$	$\frac{\sqrt{3}}{2}$	1	$\frac{\sqrt{3}}{2}$	$\frac{1}{\sqrt{2}}$	$\frac{1}{2}$	0	$-\frac{1}{\sqrt{2}}$	-1	0
$\cos\theta$	1	$\frac{\sqrt{3}}{2}$	$\frac{1}{\sqrt{2}}$	$\frac{1}{2}$	0	$-\frac{1}{2}$	$-\frac{1}{\sqrt{2}}$	$-\frac{\sqrt{3}}{2}$	-1	$-\frac{1}{\sqrt{2}}$	0	1

■$y=\cos\theta$ のグラフ

ルール〈2〉の図の右側は三角関数 $y=\cos\theta$ のグラフです。これは $\cos\theta$ の θ の値を0から変化させたときに点 P の x 座標の値がどうなるかを表したものです。

$y=\cos\theta$ のグラフ ← 単位円上の点 P が左回りに動いたときの x 座標の値の変化

$y=\cos\theta$ の値は角の大きさ θ だけから求めることができます。

上の表の下段は角の大きさ θ が $\frac{\pi}{6}$，$\frac{\pi}{4}$，$\frac{\pi}{3}$ …2π［rad］と変化したときの $\cos\theta$ の値です。これらの値をグラフにしたものがルール〈2〉の図です。

問 ルール〈1〉の図を用いて，$\sin\frac{5\pi}{4}$，$\cos\frac{5\pi}{4}$ の値を求めなさい。

図より，P の座標は（［　1　］，［　2　］）

よって，$\sin\frac{5\pi}{4}=$［　3　］，$\cos\frac{5\pi}{4}=$［　4　］

6-6

$y=2\sin\theta$, $y=\frac{1}{2}\sin\theta$のグラフ

ルール

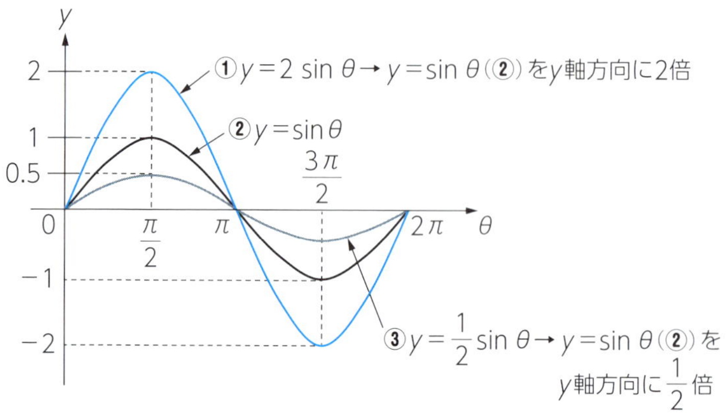

$y=2\sin\theta$, $y=\frac{1}{2}\sin\theta$のグラフが，$y=\sin\theta$のグラフに対してどのように変わるのかを考えます（上の①～③）。

たとえば，$\theta=\frac{\pi}{6}$のとき，それぞれの値は次のようになります。

・$y=\sin\theta$の値　$y=\sin\frac{\pi}{6}=\frac{1}{2}$

・$y=2\sin\theta$の値　$y=2\sin\frac{\pi}{6}=2\times\frac{1}{2}=1$　（2倍）

・$y=\frac{1}{2}\sin\theta$の値　$y=\frac{1}{2}\sin\frac{\pi}{6}=\frac{1}{2}\times\frac{1}{2}=\frac{1}{4}$　（$\frac{1}{2}$倍）

131ページの表をもとに，それぞれの値をグラフにしたのが上の①から③です。これらから，次のことがいえます。

・$y=2\sin\theta$のグラフ ← $y=\sin\theta$のグラフをy軸方向に2倍したもの

・$y=\frac{1}{2}\sin\theta$のグラフ ← $y=\sin\theta$のグラフをy軸方向に$\frac{1}{2}$倍したもの

問 $y=\sin\theta$のグラフをy軸方向に3倍→$y=$［ 1 ］$\sin\theta$

6-5 解答　❶～❹ $-\frac{1}{\sqrt{2}}$ $\left(\frac{-1}{\sqrt{2}}\right)$ または $-\frac{\sqrt{2}}{2}$ $\left(\frac{-\sqrt{2}}{2}\right)$

6-7

$y=\sin\theta+1$，$y=\sin\theta-1$のグラフ

ルール

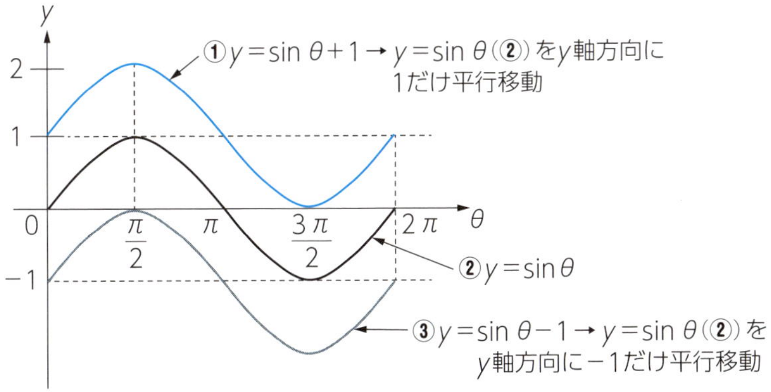

① $y=\sin\theta+1$ → $y=\sin\theta$（②）をy軸方向に1だけ平行移動

② $y=\sin\theta$

③ $y=\sin\theta-1$ → $y=\sin\theta$（②）をy軸方向に-1だけ平行移動

$y=\sin\theta+1$，$y=\sin\theta-1$のグラフが，$y=\sin\theta$のグラフに対してどのように変わるのかを考えます（上の①〜③）。

たとえば，$\theta=\dfrac{\pi}{2}$のとき，それぞれの値は次のようになります。

・$y=\sin\theta$の値　$y=\sin\dfrac{\pi}{2}=1$

・$y=\sin\theta+1$の値　$y=\sin\dfrac{\pi}{2}+1=1+1=2$　（1だけ平行移動）

・$y=\sin\theta-1$の値　$y=\sin\dfrac{\pi}{2}-1=1-1=0$　（-1だけ平行移動）

131ページの表をもとに，それぞれの値をグラフにしたのが上の①から③です。これらから，次のことがいえます。

・$y=\sin\theta+1$のグラフ ← $y=\sin\theta$のグラフをy軸方向に1だけ平行移動したもの

・$y=\sin\theta-1$のグラフ ← $y=\sin\theta$のグラフをy軸方向に-1だけ平行移動したもの

問 $y=\sin\theta$のグラフをy軸方向に$-\dfrac{1}{2}$だけ平行移動 → $y=\sin\theta-\dfrac{\boxed{}}{\boxed{}}$ 1

6-8

$y=\sin 2\theta$, $y=\sin\frac{1}{2}\theta$ のグラフ

ルール

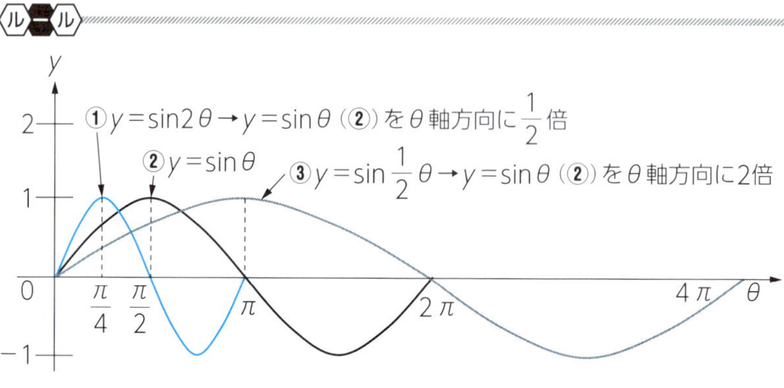

$y=\sin 2\theta$ や $y=\sin\frac{1}{2}\theta$ のグラフが，$y=\sin\theta$ のグラフに対してどのように変わるのかを考えます（上の①〜③）。

$y=\sin\theta$ は，$\theta=\frac{\pi}{2}$ のとき1になります。

$$y=\sin\frac{\pi}{2}=1$$

ここで，$y=\sin 2\theta$ の値が同じく1になるのは，$2\theta=\frac{\pi}{2}$ になればいいので，

$$\theta=\frac{\pi}{4}$$ 「$\theta=\frac{\pi}{2}$」の$\frac{1}{2}$倍

となります。

これは，$y=\sin\theta$ を θ 軸方向に $\frac{1}{2}$ 倍した関数が

$$y=\sin 2\theta$$

であることを意味しています。

$y=\sin 2\theta$ のグラフ　$y=\sin\theta$ のグラフを θ 軸方向に $\frac{1}{2}$ 倍したもの

同様に，$y=\sin\frac{1}{2}\theta$ の値が同じく1になるのは，$\frac{1}{2}\theta=\frac{\pi}{2}$ になればいいので，

6-7 解答　❶ $\frac{1}{2}$

$\theta=\pi$ 「$\theta=\frac{\pi}{2}$」の2倍

となります。

これは，$y=\sin\theta$ を θ 軸方向に2倍した関数が

$$y=\sin\frac{1}{2}\theta$$

であることを意味しています。

$y=\sin\frac{1}{2}\theta$ のグラフ　$y=\sin\theta$ のグラフを θ 軸方向に2倍したもの

ここで注意していただきたいのは，132ページで解説した $y=2\sin\theta$，$y=\frac{1}{2}\sin\theta$ のグラフとの違いです。

$y=\sin\theta$ のグラフをもとにすると，

・$y=2\sin\theta$　y 軸方向に2倍　　$y=\sin 2\theta$　θ 軸方向に $\frac{1}{2}$ 倍

・$y=\frac{1}{2}\sin\theta$　y 軸方向に $\frac{1}{2}$ 倍　　$y=\sin\frac{1}{2}\theta$　θ 軸方向に2倍

これらから，次のようにまとめることができます。

$y=A\sin B\theta$ のグラフ　$y=\sin\theta$ のグラフを y 軸方向に A 倍，θ 軸方向に $\frac{1}{B}$ 倍したもの

問 $y=\sin\theta$ を θ 軸方向に $\frac{2}{3}$ 倍したときの関数において，$\theta=\frac{\pi}{3}$ のときの値を求めなさい。

$y=\sin\theta$ を θ 軸方向に $\frac{2}{3}$ 倍したときの関数は，$y=\sin$ [1] θ。

$\theta=\frac{\pi}{3}$ のとき，$y=\sin\left(\text{[1]}\times\frac{\pi}{3}\right)=\sin$ [2] $=$ [3]

（2には約分した数を入れる）

6-9

$y=\sin\left(\theta-\frac{\pi}{6}\right)$, $y=\sin\left(\theta+\frac{\pi}{6}\right)$ のグラフ

ルール

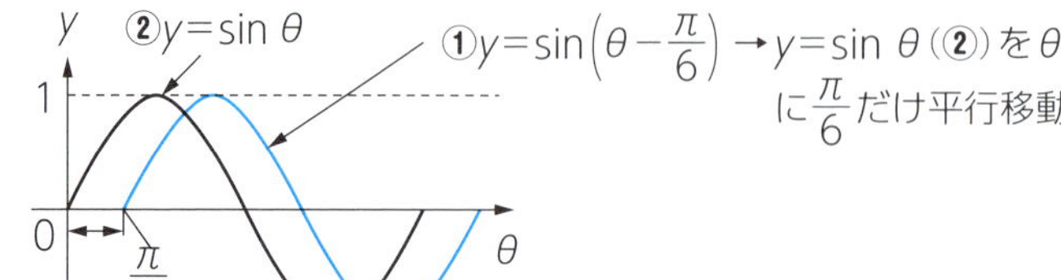

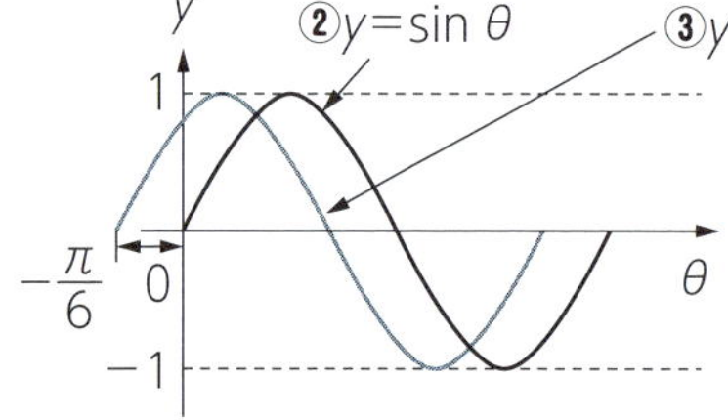

③$y=\sin\left(\theta+\frac{\pi}{6}\right)$ → $y=\sin\theta$（②）をθ軸方向に$-\frac{\pi}{6}$だけ平行移動

$y=\sin\left(\theta-\frac{\pi}{6}\right)$や$y=\sin\left(\theta+\frac{\pi}{6}\right)$のグラフが，$y=\sin\theta$のグラフに対してどのように変わるのかを考えます（上の①〜③）。

$y=\sin\theta$は，$\theta=0$のとき0になります。

$$y=\sin 0=0$$

ここで，$y=\sin\left(\theta-\frac{\pi}{6}\right)$の値が同じく0になるのは，$\theta-\frac{\pi}{6}=0$になればいいので，

$$\theta=\frac{\pi}{6}$$

「$\theta=0$」の$+\frac{\pi}{6}$

となります。

これは，$y=\sin\theta$をθ軸方向に$\frac{\pi}{6}$［rad］だけ平行移動した関数が

$$y=\sin\left(\theta-\frac{\pi}{6}\right)$$

であることを意味しています。

6-8 解答　❶$\frac{3}{2}$　❷$\frac{\pi}{2}$　❸1

$y=\sin\left(\theta-\dfrac{\pi}{6}\right)$のグラフ ― $y=\sin\theta$のグラフをθ軸方向に$\dfrac{\pi}{6}$だけ平行移動したもの

同様に，$y=\sin\left(\theta+\dfrac{\pi}{6}\right)$の値が同じく0になるのは，$\theta+\dfrac{\pi}{6}=0$になればいいので，

$$\theta=-\frac{\pi}{6}$$ ― 「$\theta=0$」の$-\dfrac{\pi}{6}$

となります。

これは，$y=\sin\theta$をθ軸方向に$-\dfrac{\pi}{6}$[rad] だけ平行移動した関数が

$$y=\sin\left(\theta+\frac{\pi}{6}\right)$$

であることを意味しています。

$y=\sin\left(\theta+\dfrac{\pi}{6}\right)$のグラフ ― $y=\sin\theta$のグラフをθ軸方向に$-\dfrac{\pi}{6}$だけ平行移動したもの

問 $y=\sin\theta$をθ軸方向に$-\dfrac{2}{3}\pi$[rad] だけ平行移動した関数において，

$\theta=\dfrac{\pi}{6}$のときの値を求めなさい。

$y=\sin\theta$をθ軸方向に$-\dfrac{2}{3}\pi$[rad] だけ平行移動した関数は，

$y=\sin\left(\theta+\dfrac{2}{3}\pi\right)$。

$\theta=\dfrac{\pi}{6}$のとき，$y=\sin\left(\boxed{}^{1}+\dfrac{2}{3}\pi\right)=\sin\left(\boxed{}^{1}+\dfrac{4}{6}\pi\right)$

$=\sin\boxed{}^{2}\pi=\boxed{}^{3}$

6-10

周期 T と周波数 f

ルール

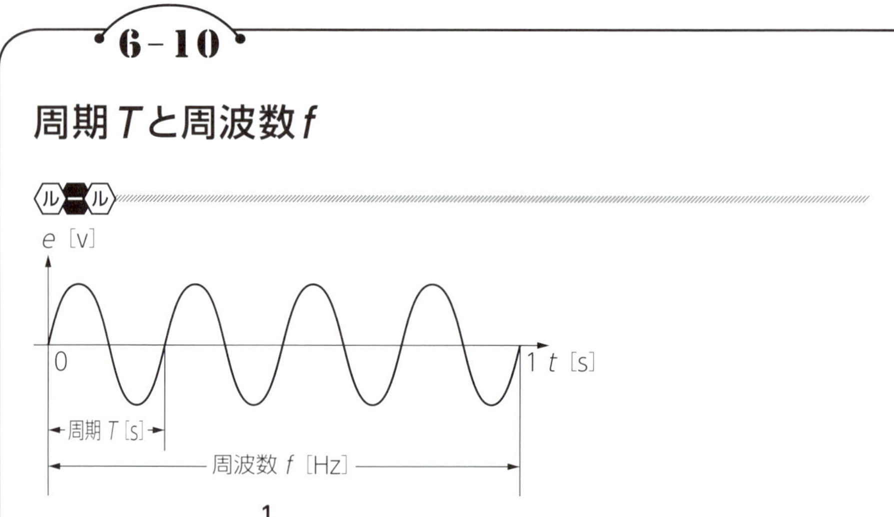

周波数 f[Hz]$=\dfrac{1}{\text{周期}\,T[\text{s}]}$

周期：1つの波形に要する時間

周波数：1秒間に繰り返す回数

正弦波交流は，上の図のように同じ変化（波形）を繰り返しています。この1つの波形に要する時間のことを周期 T[s] といいます。

また，1秒間にこれを繰り返す回数を周波数 f[Hz] といいます。たとえば，3 Hzは1秒間に繰り返す回数が3回であることを意味します。

ここで，周期 $T=0.25$ s のときの周波数 f が何Hzになるかについて考えます。

周期 T が 0.25 s であるということは，1回に要する時間が 0.25 s であることを表しています。

周波数 f は，1秒間に何回繰り返すかを表すので，

$$\text{周波数}\, f=\frac{1}{0.25}=4\ \text{Hz}$$

1秒間に4回繰り返す

これを図で表すと次ページのようになります。

周期 T と周波数 f の間には，次の関係が成り立ちます。

$$\text{周波数}\, f[\text{Hz}]=\frac{1}{\text{周期}\, T[\text{s}]}$$

$T=\dfrac{1}{f}$，$Tf=1$

6-9 解答　❶ $\frac{1}{6}\pi\left(\frac{\pi}{6}\right)$　❷ $\frac{5}{6}$　❸ $\frac{1}{2}$

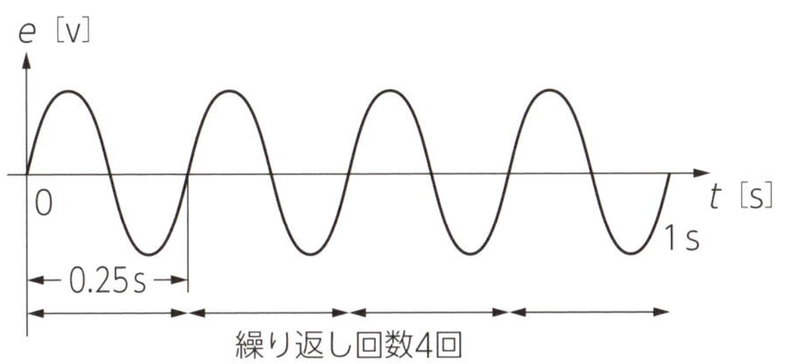

例 周期 $T=25$ ms のときの周波数 f[Hz] を求めます。

ms（ミリ秒）は $\frac{1}{1000}$ 秒なので，25 ms を秒に換算すると $\frac{25}{1000}$ s。

$$\text{周波数}\ f=\frac{1}{\frac{25}{1000}}=1\div\frac{25}{1000}=1\times\frac{1000}{25}=40\ \text{Hz}$$

逆数を掛ける

$f=\frac{1}{T}$

問 周波数 $f=10$ kHz のときの周期 T[s] を求めなさい。

$f=\frac{1}{T}$ より，

$$T=\frac{1}{f}=\frac{1}{10\times10^{\boxed{1}}}=\frac{1}{10^{\boxed{2}+\boxed{1}}}=\frac{1}{10^{\boxed{3}}}=\boxed{\quad 4\quad}\ \text{s}$$

$f=\frac{1}{T}$ を変形すると $f\times T=1$ になります。このことから，周波数 f と周期 T は反比例の関係になることがわかります。周期 T が 2s，3s…のように長くなると，周波数 f（繰り返し回数）は $\frac{1}{2}=0.5$ Hz，$\frac{1}{3}=0.3$ Hz…のように低くなります。

6-11

速度 v と角速度 ω

ルール

① 速度 v

$$速度 v[m/s] = \frac{距離 s[m]}{時間 t[s]}$$

② 角速度 ω（オメガ）

$$角速度 \omega[rad/s] = \frac{角の大きさ \theta[rad]}{時間 t[s]}$$

1 速度 v

速度という言葉は，私たちになじみの深いものですが，これは1秒間に進む距離（速度は時間に対する距離の割合）のことをいいます。式で表すと，

$$速度 v[m/s] = \frac{距離 s[m]}{時間 t[s]}$$

時間に対する距離の割合なので距離÷時間

となります。

速度 v は1秒間に進む距離

A地点　距離 s ［m］　B地点

例 2秒間に進む距離が6mのときの速度 v[m/s]

$$速度 v = \frac{距離 s}{時間 t} = \frac{6}{2} = 3\ m/s$$

1秒間に3m進む

問1 ある物体が $v=10$ m/sの速度で5秒間進むときの距離［m］を求めなさい。

$速度 v = \frac{距離 s}{時間 t}$ より，

距離 s = 速度 v × 時間 t = 10 × [1] = [2] m

6-10 解答 ❶3 ❷1 ❸4 ❹0.0001

2 角速度ω

点Oを中心に，一定の速さで等速円運動をするとき，1秒間に回転する角の大きさ（角速度は時間に対する角の大きさの割合）のことを角速度といいます。式で表すと，

$$\text{角速度}\,\omega[\text{rad/s}]=\frac{\text{角の大きさ}\,\theta[\text{rad}]}{\text{時間}\,t[\text{s}]}$$

時間に対する角の大きさなので
角の大きさ÷時間

となります。

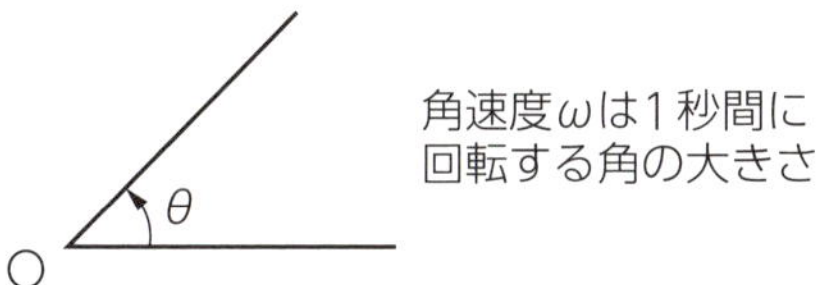

例 2秒間回転するときの角の大きさが $\frac{\pi}{3}$[rad] のときの角速度ω[rad/s]

$$\text{角速度}\,\omega=\frac{\text{角の大きさ}\,\theta}{\text{時間}\,t}=\frac{\frac{\pi}{3}}{2}=\frac{\pi}{3}\div 2=\frac{\pi}{3}\times\frac{1}{2}=\frac{\pi}{6}[\text{rad/s}]$$

逆数を掛ける

問2 ある物体が $\omega=10$rad/sの角速度で20秒間進むときの角の大きさ[rad]を求めなさい。

$\text{角速度}\,\omega=\frac{\text{角の大きさ}\,\theta}{\text{時間}\,t}$ より，

角の大きさθ＝角速度ω×時間t＝10×［ ］③＝［ ］④[rad]

つまずくのはここだ！

$\text{速度}\,v=\frac{\text{距離}\,s}{\text{時間}\,t}$，$\text{角速度}\,\omega=\frac{\text{角の大きさ}\,\theta}{\text{時間}\,t}$

両者の違いは，分子が距離であるのか，角の大きさであるのかの違いです。

6-12

最大値，実効値と瞬時値を表す式

ルール

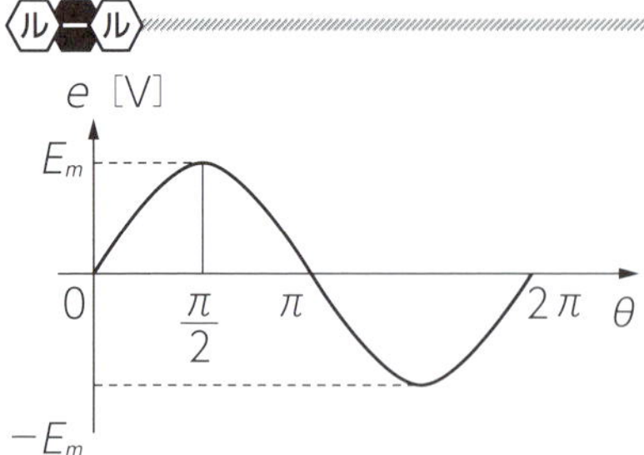

最大値　E_m[V]

実効値$=\dfrac{最大値}{\sqrt{2}}=\dfrac{E_m}{\sqrt{2}}$[V]

正弦波交流電圧とは，時間が変化すると電圧の大きさも周期的に変化する電圧をいいます。また，ある時間に対する電圧の大きさを瞬時値といいます。瞬時値e[V]は，次のどれかの式で表します。

① $e=E_m\sin\theta$[V]
② $e=E_m\sin\omega t$[V]　（角の大きさ$\theta=\omega t$[rad]）
③ $e=E_m\sin 2\pi ft$[V]　（角速度$\omega=2\pi f$[rad/s]）

■瞬時値と最大値，実効値

交流電圧は変化をしているため，瞬時値e[V]は一定の値ではありません。そのため，一定の値である実効値を使って計算することが多くあります。実効値は最大値$\div\sqrt{2}$で求めることができます。

なお，$\theta=\dfrac{\pi}{2}$[rad]のときの瞬時値e[V]は，最大値E_m[V]になります。

瞬時値$e=E_m\sin\dfrac{\pi}{2}=E_m\times 1=E_m$[V]

$\sin\dfrac{\pi}{2}=1$

例 最大値が$10\sqrt{2}$ Vのときの実効値

実効値$=\dfrac{10\sqrt{2}}{\sqrt{2}}=10$ V

実効値$=\dfrac{最大値}{\sqrt{2}}=\dfrac{E_m}{\sqrt{2}}$

■ $e=E_m\sin\omega t$[V]の求め方

141ページの角速度を求める式$\omega=\dfrac{\theta}{t}$[rad/s]を$\theta=\omega t$のように変形し

6-11 解答　❸20　❹200

て，ルールの〈1〉$e=E_m\sin\theta$[V] に代入します。

$$e=E_m\sin\theta\,[\mathrm{V}] \rightarrow e=E_m\sin\omega t\,[\mathrm{V}]$$

θにωtを代入

■ $e=E_m\sin 2\pi ft$[V] の求め方

$\theta=\omega t$のtとして周期Tを考えます。周期Tは，1つの波形に要する時間ですが，このときの角の大きさθは2π[rad]（360°）です。

$\theta=\omega t$に$\theta=2\pi$，$t=T$を代入します。

$$\theta=\omega t \rightarrow 2\pi=\omega T$$

θに2πを代入

tにTを代入

これに，周期を求める式$T=\dfrac{1}{f}$（138ページ参照）を代入します。

$$2\pi=\omega T \rightarrow 2\pi=\omega\times\frac{1}{f}=\frac{\omega}{f},\ 2\pi=\frac{\omega}{f},\ \omega=2\pi f$$

Tに$\dfrac{1}{f}$を代入

この$\omega=2\pi f$を，ルールの〈2〉$e=E_m\sin\omega t$[V] に代入します。

$$e=E_m\sin\omega t\,[\mathrm{V}] \rightarrow e=E_m\sin 2\pi ft\,[\mathrm{V}]$$

ωに$2\pi f$を代入

問 瞬時値eを表す式$e=10\sin 100\pi t$[V] において，$t=10$ msのときのeの値を求めなさい。

$e=10\sin 100\pi t=10\sin(100\pi\times 10\times 10^{\boxed{1}})$

m（ミリ）を指数で表す

$=10\sin(10^2\times 10^{\boxed{2}}\times 10^{\boxed{1}}\pi)$

$=10\sin(10^{2+\boxed{2}+(\boxed{1})}\pi)=10\sin(10^{\boxed{3}}\pi)$

$=10\sin\pi=10\times\boxed{4}=\boxed{5}$ V

6-13

位相（位相角）

ルール

〈1〉 位相（位相角）

$e=\sin\omega t$ [V]

$e=\sin(\omega t+\theta)$ [V]

$e=\sin(\omega t-\theta)$ [V]

ωt, $\omega t+\theta$, $\omega t-\theta$ を位相（位相角）といいます。

〈2〉 位相の進み・位相の遅れ

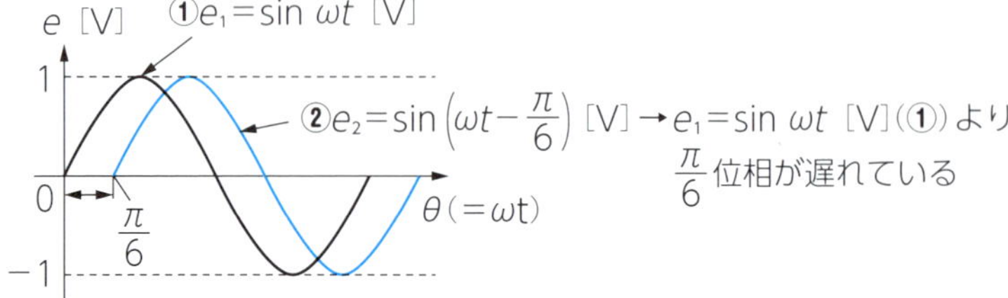

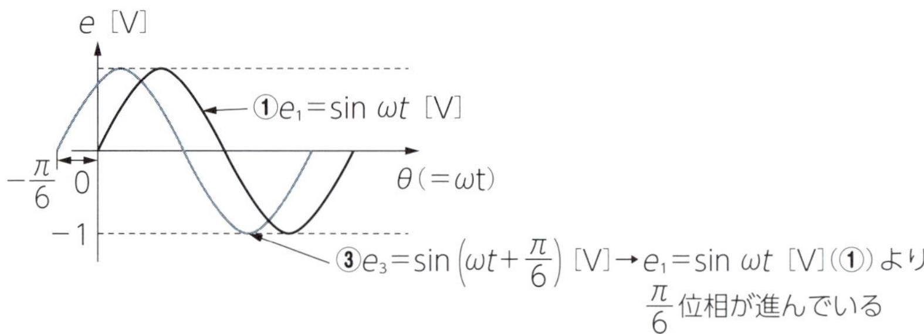

上の2つの図は，横軸が角の大きさ$\theta(=\omega t)$ [rad]，縦軸が電圧e[V] を表しています。

$e_2=\sin\left(\omega t-\dfrac{\pi}{6}\right)$[V]（グラフ②）は，$e_1=\sin\omega t$[V]（グラフ①）を右に $\dfrac{\pi}{6}$[rad] だけ平行移動したものです。このとき，交流電圧e_2はe_1よりも位相が$\dfrac{\pi}{6}$[rad] 遅れているといいます（136ページ参照）。

$e_2=\sin\left(\omega t-\dfrac{\pi}{6}\right)$ ― $e_1=\sin\omega t$より$\dfrac{\pi}{6}$だけ位相が遅れている

6-12 解答　❶−3　❷1　❸0　❹0　❺0

同様に，$e_3=\sin\left(\omega t+\frac{\pi}{6}\right)$［V］（グラフ③）は，$e_1=\sin\omega t$［V］（グラフ①）を左に$\frac{\pi}{6}$［rad］だけ平行移動したものです。このとき，交流電圧e_3はe_1よりも位相が$\frac{\pi}{6}$［rad］進んでいるといいます。

$e_3=\sin\left(\omega t+\frac{\pi}{6}\right)$［V］ ← $e_1=\sin\omega t$より$\frac{\pi}{6}$だけ位相が進んでいる

■式からわかること

$$e=20\sin\left(\omega t+\frac{\pi}{3}\right)\text{［V］}$$

この式は交流電圧e［V］の瞬時値の式です。電気数学では，この式から最大値，実効値，位相の進みや遅れを求めることが大切になります。

例 **・交流電圧e［V］の最大値：20 V** ← $e=E_m\sin\omega t$（E_m：最大値）

・実効値：$\frac{20}{\sqrt{2}}=\frac{20\times\sqrt{2}}{\sqrt{2}\times\sqrt{2}}=\frac{20\sqrt{2}}{2}=10\sqrt{2}$ V ← 実効値$=\frac{最大値}{\sqrt{2}}$

（分母を有理化）

・位相の進み・遅れ：$e=20\sin\left(\omega t+\frac{\pi}{3}\right)$［V］は$e=20\sin\omega t$よりも位相が$\frac{\pi}{3}$［rad］だけ進んでいる。

問 $e_1=\sin\left(\omega t-\frac{\pi}{3}\right)$［V］と$e_2=\sin\left(\omega t+\frac{\pi}{6}\right)$［V］の位相は，どちらがどれだけ進んでいるかを求めなさい。

e_1とe_2ではe_2のほうが位相が進んでいるので，

$\frac{\pi}{6}-\left(\boxed{1}\right)=\frac{\pi}{6}+\boxed{2}=\frac{\pi}{6}+\frac{\boxed{3}}{6}=\frac{\boxed{4}}{6}=\boxed{5}$

よって，e_2がe_1より$\boxed{5}$［rad］進んでいる。

• COLUMN •

グラフの平行移動

$y=\sin\theta$のグラフをθ軸方法に30°平行移動したグラフは，$y=\sin(\theta-30°)$となります。また，y軸方向に1だけ平行移動したグラフは$y=\sin\theta+1$となります。

このような平行移動の考え方が成り立つのは，$\sin\theta$に関わるときだけではありません。

図Aの①は，$y=x$のグラフです。

このグラフをx軸方向に1だけ平行移動したグラフは$y=x-1$（②）となります。また，y軸方向に1だけ平行移動したグラフは$y=x+1$（③）となります。

図Bの①′は$y=x^2$のグラフです。

このグラフをx軸方向に1だけ平行移動したグラフは$y=(x-1)^2$（②′）となります。また，このグラフをy軸方向に1だけ平行移動したグラフは$y=x^2+1$（③′）となります。

次の例は，$y=2x$を平行移動した式です。x軸方向への平行移動は，かっこをつけて計算していることに注意してください。

・$y=2x$をx軸方向に1だけ平行移動→$y=2(x-1)=2x-2$

・$y=2x$をy軸方向に1だけ平行移動→$y=2x+1$

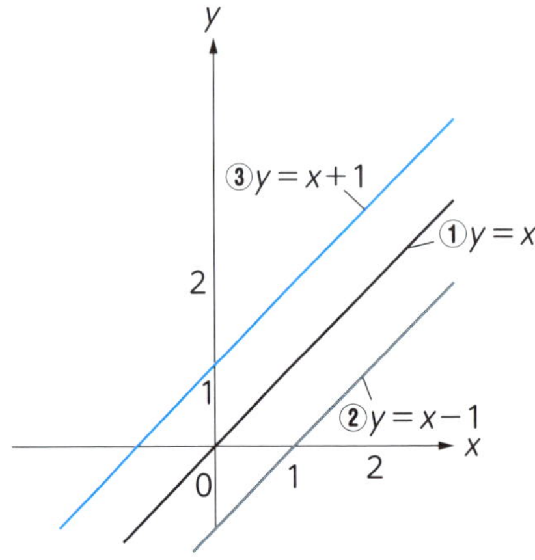

図A

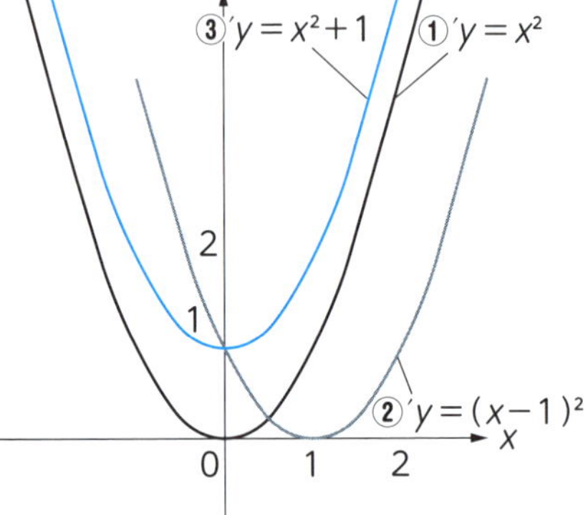

図B

6-13 解答　❶$-\frac{\pi}{3}\left(\frac{-\pi}{3}\right)$　❷$\frac{\pi}{3}$　❸$2\pi$　❹$3\pi$　❺$\frac{\pi}{2}$

ベクトル

第7章の内容

交流電圧や交流電流の瞬時値は，三角関数を
使って表せますが，交流回路の計算では
そのほかにベクトルの計算が必要になります。
その理由は，電流と電圧には位相差があるためです。
位相差があるときには，電流や電圧をベクトルで
表すことによって計算ができるようになります。
第7章では，これらの計算について解説します。

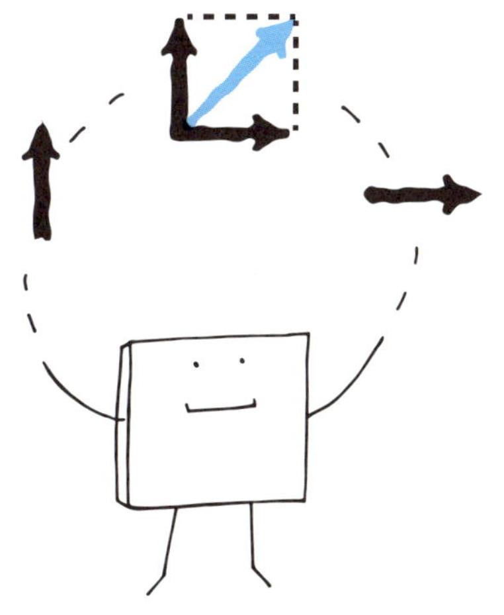

7-1

ベクトルとベクトルの計算

ルール

⟨1⟩ スカラ量とベクトル量

スカラ量：大きさだけで表される量

例：時間，温度，質量など

ベクトル量：大きさと向きで表される量

例：速度，力，交流電圧，交流電流など

⟨2⟩ ベクトルの表し方

ベクトルは$\vec{a}$と書き，矢印で表します。矢印の長さは大きさを表します。$\vec{a}$と逆向きで大きさの等しいベクトルを逆ベクトルといい，$-\vec{a}$と書きます。

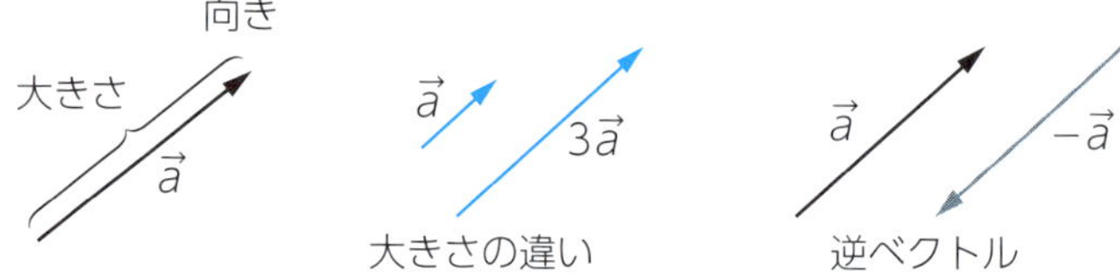

⟨3⟩ ベクトルの足し算

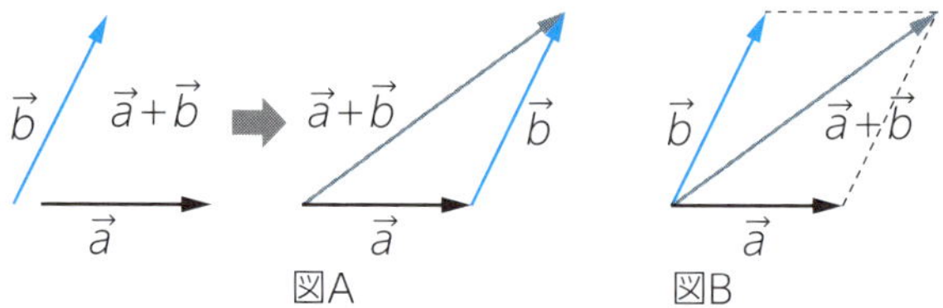

図A　図B

⟨4⟩ ベクトルの引き算

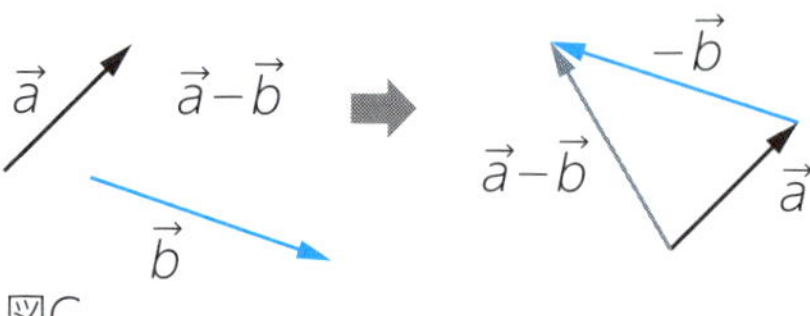

図C

ベクトル$\vec{a}$と$\vec{b}$の足し算は，ルールの図Aのようにベクトル$\vec{a}$の終点とベクトル$\vec{b}$の始点を重ね，ベクトル$\vec{a}$の始点からベクトル$\vec{b}$の終点をとれば，$\vec{a}$と$\vec{b}$の和$\vec{a}+\vec{b}$となります。

また，図Bのようにベクトル$\vec{a}$とベクトル$\vec{b}$を2辺とする平行四辺形の対角線がベクトル$\vec{a}+\vec{b}$となります。

ベクトル$\vec{a}$, $\vec{b}$が逆向きの足し算は，次のようになります。

$\vec{a}$　$\vec{b}$　　$\vec{a}+\vec{b}$

ベクトルの引き算$\vec{a}-\vec{b}$は，足し算に直して考えます。図で表すとルールの図Cのようになります。

$\vec{a}-\vec{b}=\vec{a}+(-\vec{b})$ ←（$-\vec{b}$）を足すと考える

例 下のようなベクトル$\vec{a}$, $\vec{b}$があるとき，$\vec{a}+\vec{b}$, $\vec{a}-\vec{b}$を図示します。

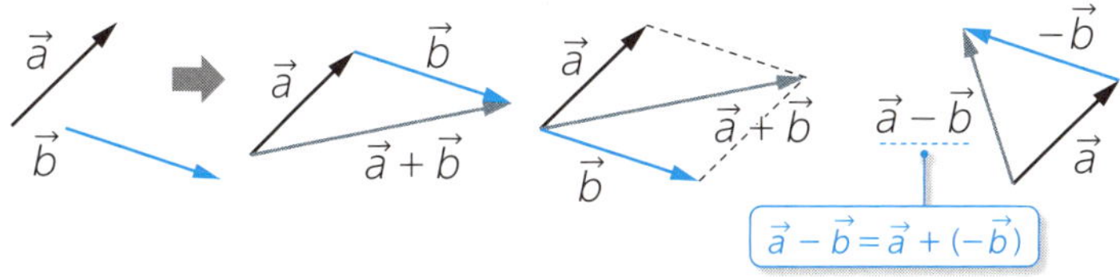

問 左のようなベクトル$\vec{a}$, $\vec{b}$, $\vec{c}$があるとき，右のベクトル①，②は何を表しているか答えなさい。

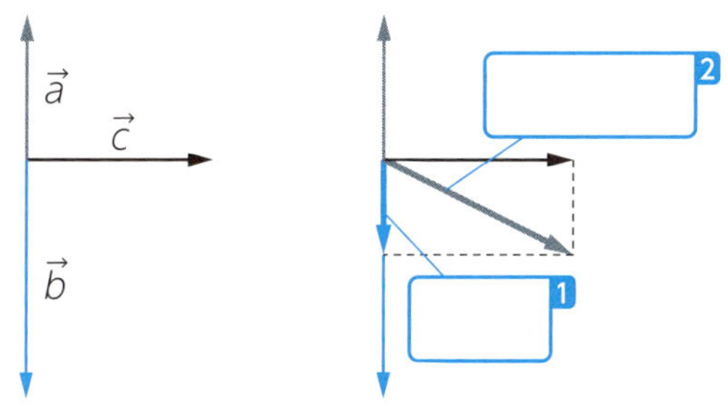

問では，ベクトル$\vec{a}$と$\vec{c}$, $\vec{b}$と$\vec{c}$が垂直になっています。158ページの「R, L, C交流回路」のところでも説明しますが，交流では，コイルやコンデンサの電圧と電流には$\frac{\pi}{2}$[rad]（=90°）の位相の遅れや進みがあります。そのため，ベクトルが垂直になっている問題には慣れておく必要があります。

7-2

ベクトルの成分表示

ルール

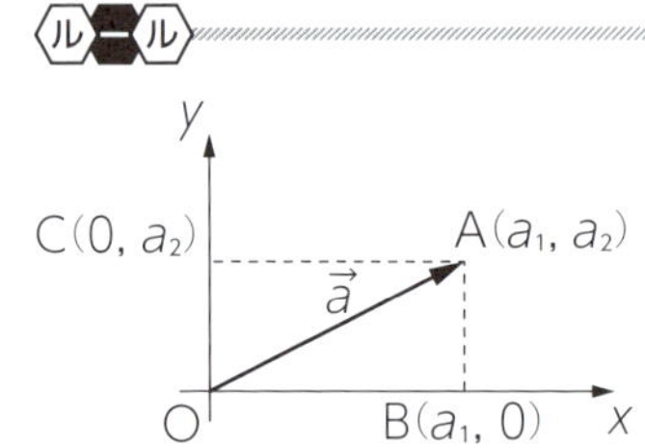

① ベクトル$\vec{a}$の成分表示　$\vec{a}=(a_1, a_2)$

② ベクトル$\vec{a}$の大きさ　$|\vec{a}|=\sqrt{a_1^2+a_2^2}$

ルールの図のように，任意のベクトル$\vec{a}$において$\vec{a}=\overrightarrow{OA}$となる点Aの座標を$(a_1, a_2)$とするとき，ベクトル$\vec{a}$を次のように表したものを成分表示といいます。

$\vec{a}=(a_1, a_2)$ ← $\vec{a}$の成分

a_1：$\vec{a}$のx成分　a_2：$\vec{a}$のy成分

また，ベクトル$\vec{a}$の大きさ$|\vec{a}|$は，直角三角形OABの斜辺の長さになるので，三平方の定理を使って，次のように計算することができます。

$|\vec{a}|=\sqrt{a_1^2+a_2^2}$ ← 直角三角形の斜辺の長さ

例 **図のベクトル$\vec{a}$を成分で表します。また，ベクトル$\vec{a}$の大きさを求めます。**

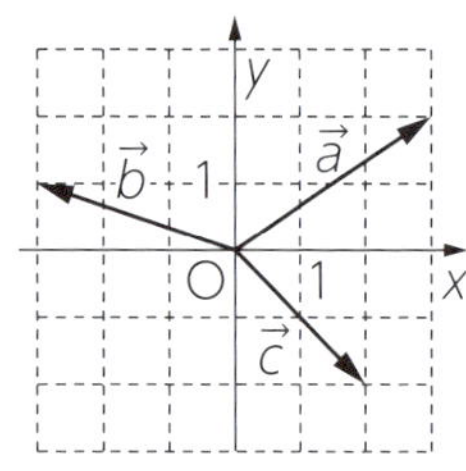

ベクトルの成分　$\vec{a}=(3, 2)$

3：x座標　2：y座標

ベクトルの大きさ　$|\vec{a}|=\sqrt{3^2+2^2}=\sqrt{9+4}$

$=\sqrt{13}$

$|\vec{a}|$：直角三角形の斜辺の長さ

問 例の図のベクトル$\vec{b}$，$\vec{c}$を成分で表しなさい。また，それぞれのベクトルの大きさを求めなさい。

$\vec{b}=($ [1] $, 1)$

$|\vec{b}|=\sqrt{(\text{[1]})^2+1^2}=\sqrt{\text{[2]}+1}=\sqrt{\text{[3]}}$

$\vec{c}=(2,$ [4] $)$

$|\vec{c}|=\sqrt{2^2+(\text{[4]})^2}=\sqrt{4+\text{[5]}}=\sqrt{\text{[6]}}=\text{[7]}\sqrt{2}$

7-1 解答　❶$\vec{a}+\vec{b}$　❷$\vec{a}+\vec{b}+\vec{c}$

7-3

ベクトルを成分で表したときの計算

ルール

$\vec{a}=(a_1, a_2)$　$\vec{b}=(b_1, b_2)$ のとき

⟨1⟩ ベクトルの足し算

$\vec{a}+\vec{b}=(a_1, a_2)+(b_1, b_2)=(a_1+b_1, a_2+b_2)$

⟨2⟩ ベクトルの引き算

$\vec{a}-\vec{b}=(a_1, a_2)-(b_1, b_2)=(a_1-b_1, a_2-b_2)$

⟨3⟩ ベクトルの実数倍

$k\vec{a}=k(a_1, a_2)=(ka_1, ka_2)$　（kは実数）

ベクトルを成分で表したときの足し算は，それぞれのベクトルのx成分，y成分どうしを足します。引き算は，それぞれのベクトルのx成分，y成分どうしを引きます。また，ベクトルの実数倍は，それぞれのベクトルの成分を実数倍します。

例 $\vec{a}=(1, 3), \vec{b}=(2, 4)$ のとき，

$\vec{a}+\vec{b}=(1, 3)+(2, 4)=(1+2, 3+4)=(3, 7)$

（$1+2$：x成分どうしを足す　$3+4$：y成分どうしを足す）

$\vec{a}-\vec{b}=(1, 3)-(2, 4)=(1-2, 3-4)=(-1, -1)$

（$1-2$：x成分どうしを引く　$3-4$：y成分どうしを引く）

問1 $\vec{a}=(5, 2)$，$\vec{b}=(2, 1)$ のとき，$\vec{a}+\vec{b}$，$\vec{a}-\vec{b}$を成分で表しなさい。

$\vec{a}+\vec{b}=(5, 2)+(2, 1)=(5+2,$ [1] $+1)=(7,$ [2] $)$

$\vec{a}-\vec{b}=(5, 2)-(2, 1)=(5-$ [3] $, 2-1)=($ [4] $, 1)$

問2 $\vec{a}=(1, 2)$，$\vec{b}=(3, -2)$ のとき，$3\vec{a}+2\vec{b}$を成分で表しなさい。

$3\vec{a}+2\vec{b}=3(1, 2)+2(3, -2)$

$=(3\cdot1, 3\cdot$ [5] $)+(2\cdot$ [6] $, 2\cdot(-2))$

$=(3,$ [7] $)+($ [8] $, -4)$

$=(3+$ [8] $,$ [7] $-4)=($ [9] $,$ [10] $)$

7-4 交流とベクトル

ルール

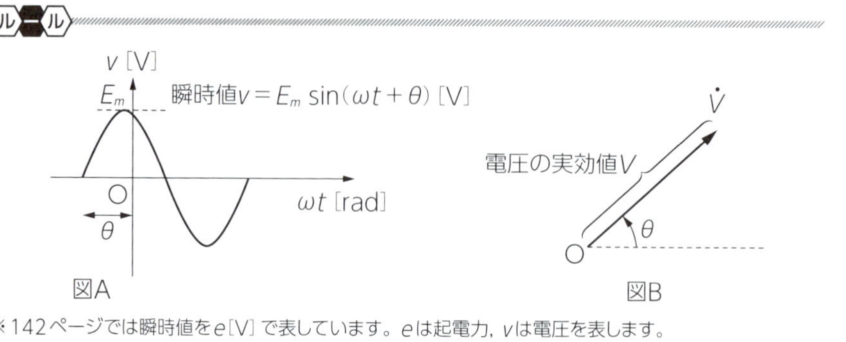

※142ページでは瞬時値をe[V]で表しています。eは起電力，vは電圧を表します。

ルールの図Aは最大値がE_m[V]，位相角がθ[rad]の交流電圧の瞬時値v[V]を表しています（142ページ参照）。この交流電圧をベクトルで表します。ベクトルは大きさと向きをもった量です。

交流電圧をベクトルで表すときは，実効値V[V]をベクトルの大きさで，位相角θを使ってベクトルの向きを表します（図B）。数学ではベクトルを$\vec{a}$と表しますが，交流電圧v[V]をベクトルで表すときには記号$\dot{V}$（読み方：Vドット）で表します。

瞬時値 $v=E_m\sin(\omega t+\theta)$ [V]

最大値（E_m）➡ 実効値 $=\dfrac{E_m}{\sqrt{2}}$ ＝ ベクトルの大きさ

位相角（θ）＝ ベクトルの向き

同様に，交流電流の瞬時値i[A]をベクトルで表すときは，交流電流の実効値I[A]をベクトルの大きさで，位相角θを使ってベクトルの向きを表します。

例 正弦波交流電圧$v=100\sqrt{2}\sin\left(\omega t+\dfrac{\pi}{3}\right)$[V]の実効値$V$[V]と位相角$\theta$[rad]を求め，ベクトル図を描きます。

実効値 $V=\dfrac{100\sqrt{2}}{\sqrt{2}}=100$ V　（実効値$=\dfrac{最大値}{\sqrt{2}}$）

位相角 $\theta=\dfrac{\pi}{3}$[rad]　（$\dfrac{\pi}{3}$[rad]$=60°$）

7-3 解答　❶2　❷3　❸2　❹3　❺2　❻3　❼6　❽6　❾9　❿2

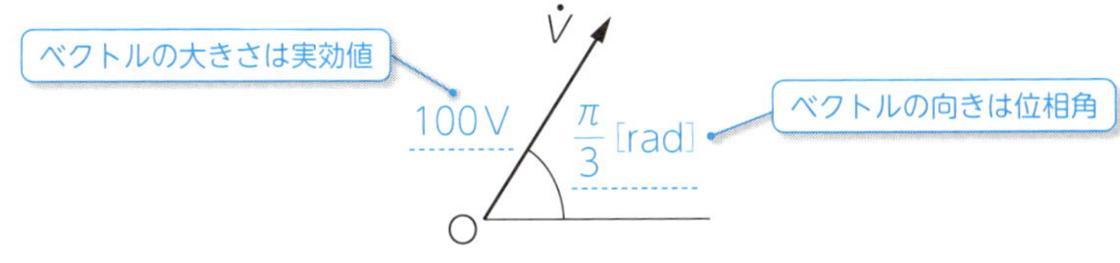

例 **下のベクトル図より，正弦波交流電圧の瞬時値 v [V] を求めます。**

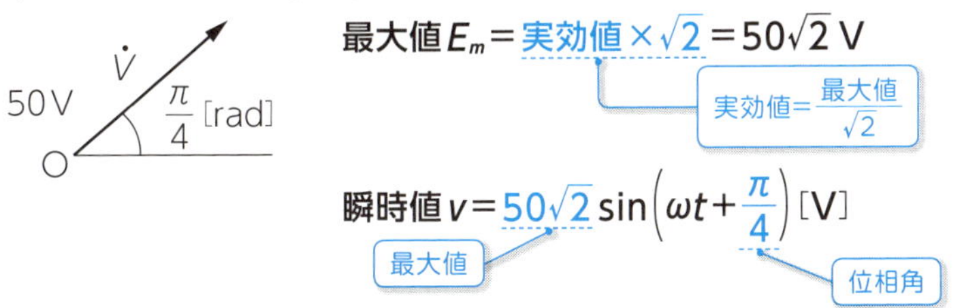

問 下のベクトル図より，正弦波交流電圧の瞬時値 v [V] を求めなさい。

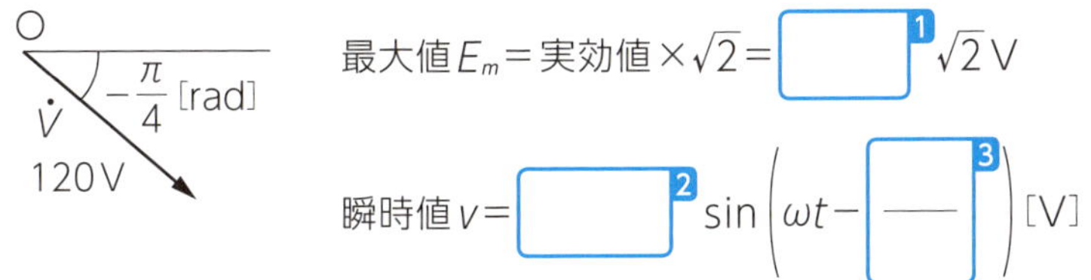

交流電圧と交流電流の瞬時値は小文字 v [V]，i [A] で表します。また，実効値は大文字 V [V]，I [A] で表します。そして，ベクトルで表すときには実効値 V，I にドットをつけて $\dot{V}$ [V]，$\dot{I}$ [A] のように表します。

7-5

誘導性リアクタンス・容量性リアクタンス

ルール

〈1〉 コイルの誘導性リアクタンスX_L[Ω]

$X_L = 2\pi fL = \omega L$ [Ω] ($\omega = 2\pi f$)

f[Hz]：周波数，L[H]：コイルのインダクタンス，ω[rad/s]：角速度

〈2〉 コンデンサの容量性リアクタンスX_C[Ω]

$X_C = \dfrac{1}{2\pi fC} = \dfrac{1}{\omega C}$ [Ω] ($\omega = 2\pi f$)

f[Hz]：周波数，C[F]：コンデンサの静電容量，ω[rad/s]：角速度

1 誘導性リアクタンス

導体に交流電流を流すと電流の流れを妨げるはたらきをします。この性質を抵抗R[Ω] といいます（図A）。同じように，コイルLに交流電流を流したときに電流を妨げる性質を誘導性リアクタンスX_L[Ω] といい，次の式で表すことができます（図B）。

$X_L = 2\pi fL = \omega L$ [Ω] ($\omega = 2\pi f$)

（L[H]：コイルのインダクタンス，f[Hz]：周波数）

例 500 mHのインダクタンスLに，周波数1 kHzを加えたときの誘導性リアクタンスX_L[Ω] を求めます。ただし，$\pi = 3.14$とします。

$X_L = 2\pi \times 1\times10^3 \times 500\times10^{-3} = 2\times500\times10^3\times10^{-3}\times\pi$ ← $X_L = 2\pi fL$

（1×10^3：1 kHz，500×10^{-3}：500 mH）

$= 10^3\times10^3\times10^{-3}\times\pi = 10^{3+3+(-3)}\times\pi = 10^3\times\pi = 3140\,\Omega$

（10^3：2×500）

問1 100 mHのインダクタンスLに周波数50 Hzを加えたときの誘導性リアクタンスX_L[Ω] を求めなさい。ただし，$\pi = 3.14$とする。

$X_L = 2\pi fL = 2\pi\times50\times100\times$ [1]

$= 2\times50\times100\times$ [1] $\times\pi =$ [2] $\times10^2\times$ [1] $\times\pi$

$= 10^{[\ 3\ ]+2+[\ 4\ ]}\times\pi =$ [5] $\times\pi =$ [5] $\times3.14 =$ [6] Ω

7-4 解答 ❶120 ❷$120\sqrt{2}$ ❸$\dfrac{\pi}{4}$

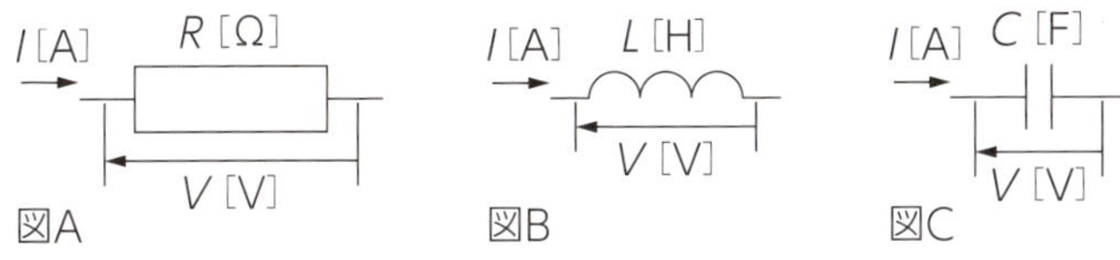

2 容量性リアクタンス

コンデンサCに交流電流を流したときに電流を妨げる性質を容量性リアクタンスX_C[Ω]といい，次の式で表すことができます（図C）。

$$X_C=\frac{1}{2\pi fC}=\frac{1}{\omega C}\,[\Omega]\ (\omega=2\pi f)$$

C[F]：コンデンサの静電容量，f[Hz]：周波数

例 静電容量100μFのコンデンサCに，周波数1kHzを加えたときの容量性リアクタンスX_C[Ω]を求めます。ただし，$\pi=3.14$とし，答えは小数第2位まで求めます。

$$X_C=\frac{1}{2\pi\times1\times10^3\times100\times10^{-6}}=\frac{1}{2\pi\times10^{3+2+(-6)}}=\frac{1}{2\pi\times10^{-1}}$$

1kHz　100μF　$10^{-1}=\frac{1}{10^1}$

$$=\frac{10}{2\pi}=\frac{5}{\pi}=1.59\Omega$$

問2 静電容量100μFのコンデンサに周波数50Hzを加えたときの容量性リアクタンスX_C[Ω]を求めなさい。ただし，$\pi=3.14$とし，答えは小数第1位まで求めなさい。

$$X_C=\frac{1}{2\pi fc}=\frac{1}{2\pi\times50\times100\times\boxed{}_{7}}=\frac{1}{100\times100\times\boxed{}_{7}\times\pi}$$

$$=\frac{1}{10^2\times10^2\times10^{\boxed{}_{8}}\times\pi}=\frac{1}{10^{2+2+\boxed{}_{9}}\pi}=\frac{1}{10^{\boxed{}_{10}}\pi}$$

$$=\frac{10^{\boxed{}_{11}}}{\pi}=\frac{\boxed{}_{12}}{3.14}=\boxed{}_{13}\,\Omega$$

7-5解答　❶$10^{-3}$　❷$10^2$　❸2　❹(−3)　❺10　❻31.4

7-6

交流とオームの法則

ルール

① $V=R\times I$[V]
　V[V]：電圧（実効値），R[Ω]：抵抗，I[A]：電流（実効値）

② $V=X_L\times I$[V]
　V[V]：電圧（実効値），X_L[Ω]：コイルの誘導性リアクタンス，I[A]：電流（実効値）

③ $V=X_C\times I$[V]
　V[V]：電圧（実効値），X_C[Ω]：コンデンサの容量性リアクタンス，I[A]：電流（実効値）

　交流回路では電圧や電流を実効値で表すと，オームの法則を使って計算することができます。誘導性リアクタンスX_L[Ω]も容量性リアクタンスX_C[Ω]も抵抗成分なので，抵抗R[Ω]と同じと考えられます（155ページの図A～C参照）。

1 抵抗 R[Ω]

例 抵抗R[Ω]に10Vの交流電圧V[V]を加えたときに5Aの電流が流れた。このときの抵抗R[Ω]を求めます。

$$R=\frac{10}{5}=2\,\Omega$$

$V=R\times I$より$R=\frac{V}{I}$

問1 抵抗5kΩに電圧50Vを加えたときの電流を求めなさい。

$$I=\frac{V}{R}=\frac{50}{5\times \boxed{\;1\;}}=10^{\boxed{\;2\;}}=\boxed{\;3\;}\text{A}$$

2 誘導性リアクタンス X_L[Ω]

例 誘導性リアクタンス$X_L=50\,\Omega$に電圧20Vを加えたときの電流を求めます。

$$I=\frac{20}{50}=0.4\text{ A}$$

$V=X_L\times I$より$I=\frac{V}{X_L}$

7-5 解答　❼ 10^{-6}　❽ −6　❾ (−6)　❿ −2　⓫ 2　⓬ 100　⓭ 31.8

問2 誘導性リアクタンスX_L=100Ωに電圧10Vを加えたときの電流を求めなさい。

$$I=\frac{V}{X_L}=\frac{\boxed{}^{4}}{100}=\boxed{}^{5}\text{ A}$$

3 容量性リアクタンス X_C[Ω]

例 容量性リアクタンスX_C=1kΩに流れる電流が10mAのときの電圧を求めます。

$$V=1\times10^3\times10\times10^{-3}=10^{3+1+(-3)}=10^1=10\text{ V}$$

（1×10^3：1kΩ、10×10^{-3}：10mA、$V=X_C\times I$）

問3 容量性リアクタンスX_C=100Ωに流れる電流が10mAのときの電圧を求めなさい。

$$V=X_CI=100\times10\times\boxed{}^{6}=10^{2+1+\boxed{}^{7}}=10^{\boxed{}^{8}}=\boxed{}^{9}\text{ V}$$

つまずくのはここだ！

交流の電流や電圧を実効値で表したときには，オームの法則を用いて計算できます。交流の計算問題では，電流や電圧について「実効値」という言葉が省略されていることがありますので，注意してください。

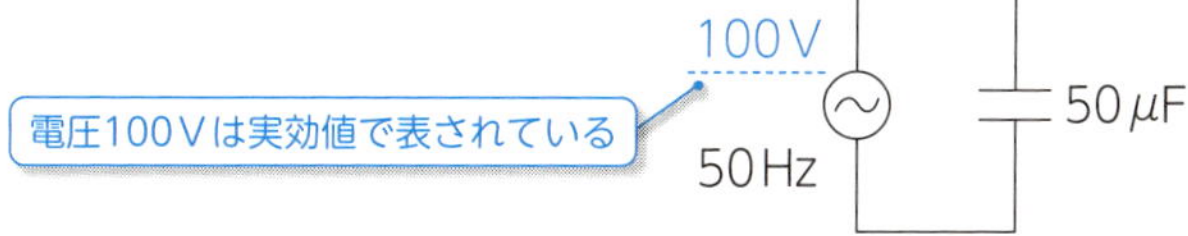

7－7

R, L, C単独の回路

ルール

〈1〉抵抗Rの回路

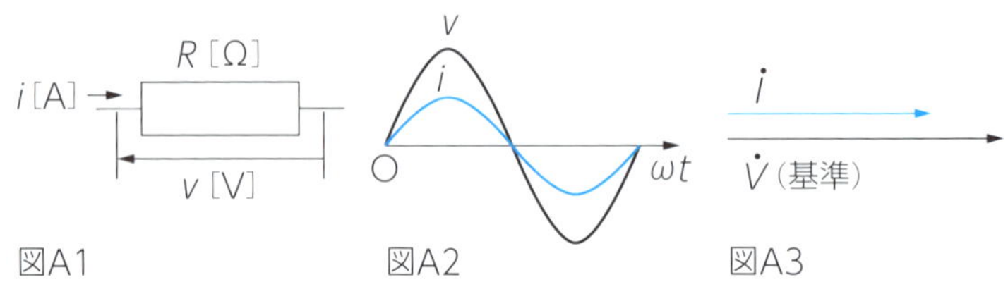

図A1　図A2　図A3

〈2〉コイルLの回路

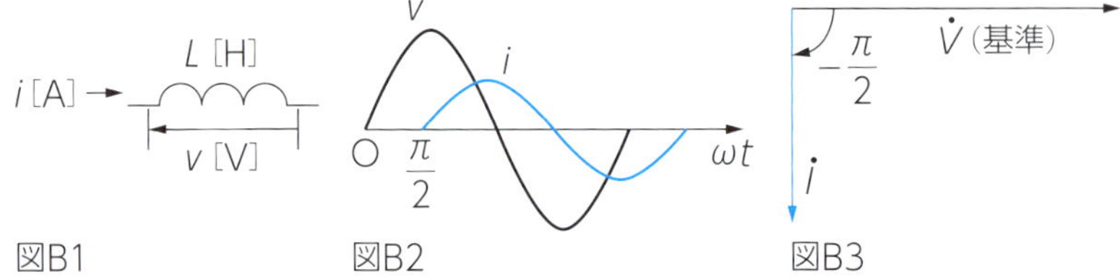

図B1　図B2　図B3

〈3〉コンデンサCの回路

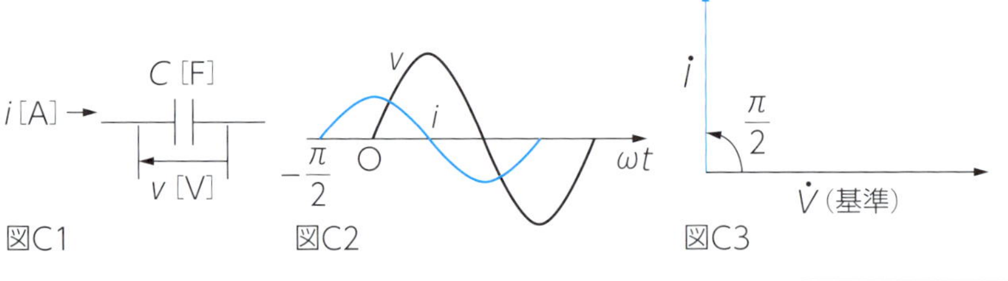

図C1　図C2　図C3

■抵抗 R の回路

抵抗Rの回路では（ルールの図A1），次のことがいえます。

・交流電圧v[V]と交流電流i[A]の位相は同相 ← 図A2の波形より

・ベクトルの大きさは異なり，向きは同じ ← 図A3のベクトル図より

（ベクトルの大きさは異なり：交流電圧と交流電流の実効値が異なるとき。ただし，同じになるときもある）

（向きは同じ：電流$\dot{I}$と電圧$\dot{V}$は同相）

7-6 解答　❹10　❺0.1　❻$10^{-3}$　❼(−3)　❽0　❾1

■コイル L の回路

コイル L の回路では（図B1），次のことがいえます。

- 交流電流 i［A］は交流電圧 v［V］より $\frac{\pi}{2}$［rad］だけ位相が遅れる ← 図B2の波形より
- ベクトルの大きさは異なり，向きは，電流 $\dot{I}$ は電圧 $\dot{V}$ を基準に $\frac{\pi}{2}$［rad］だけ位相が遅れる ← 図B3のベクトル図より

■コンデンサ C の回路

コンデンサ C の回路では（図C1），次のことがいえます。

- 交流電流 i［A］は交流電圧 v［V］より $\frac{\pi}{2}$［rad］だけ位相が進む ← 図C2の波形より
- ベクトルの大きさは異なり，向きは，電流 $\dot{I}$ は電圧 $\dot{V}$ を基準に $\frac{\pi}{2}$［rad］だけ位相が進む ← 図C3のベクトル図より

問 コイル L の回路では，交流電流 i は交流電圧 v より［ 1 $\frac{\quad}{\quad}$ ］［rad］だけ位相

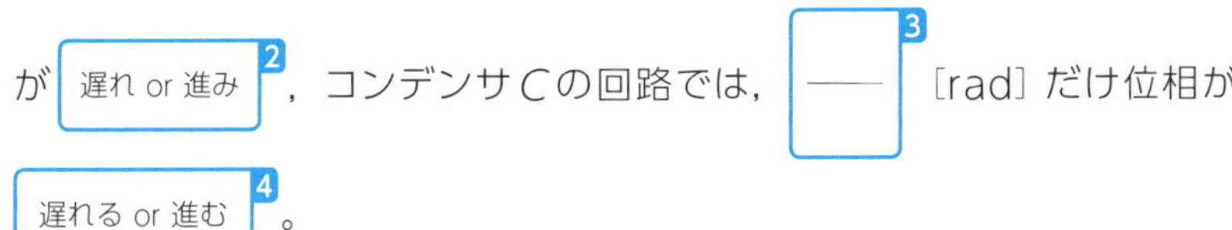

が［ 2 遅れ or 進み ］，コンデンサ C の回路では，［ 3 $\frac{\quad}{\quad}$ ］［rad］だけ位相が

［ 4 遅れる or 進む ］。

（2，4はどちらかを選ぶ）

コイルの回路では，電流 i は電圧 v より $\frac{\pi}{2}$［rad］だけ位相が遅れています。これは，電圧 v を基準に考えるためですが，電流 i を基準に考えたときには，電圧 v は電流 i より $\frac{\pi}{2}$［rad］だけ位相が進んでいることになります。

7-8 RLC直列回路

ルール

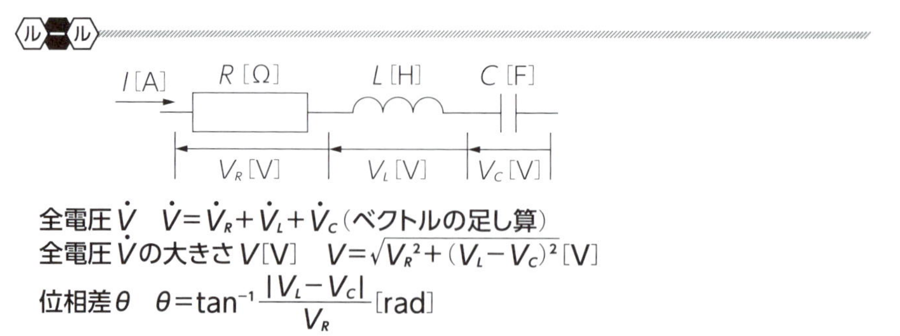

全電圧$\dot{V}$　$\dot{V}=\dot{V}_R+\dot{V}_L+\dot{V}_C$（ベクトルの足し算）

全電圧$\dot{V}$の大きさV[V]　$V=\sqrt{V_R{}^2+(V_L-V_C)^2}$ [V]

位相差θ　$\theta=\tan^{-1}\dfrac{|V_L-V_C|}{V_R}$ [rad]

抵抗R[Ω]，コイルL[H]，コンデンサC[F] が直列に接続されている回路をRLC直列回路といいます。この回路における全電圧の大きさVと位相角θをベクトルを使って求めます。ここでは，抵抗R[Ω]，コイルL[H]，コンデンサC[F] に流れる電流は同じなので，ベクトル図は電流$\dot{I}$を基準にして考えます（158ページでは電圧$\dot{V}$が基準）。

■電圧$\dot{V}$の大きさV[V]

ルールの図より，次のことがいえます。

・$\dot{V}_R$と$\dot{I}$は同相（図A）　・$\dot{V}_L$は$\dot{I}$よりも$\dfrac{\pi}{2}$[rad] 進む（図B）

・$\dot{V}_C$は$\dot{I}$よりも$\dfrac{\pi}{2}$[rad] 遅れる（図C）

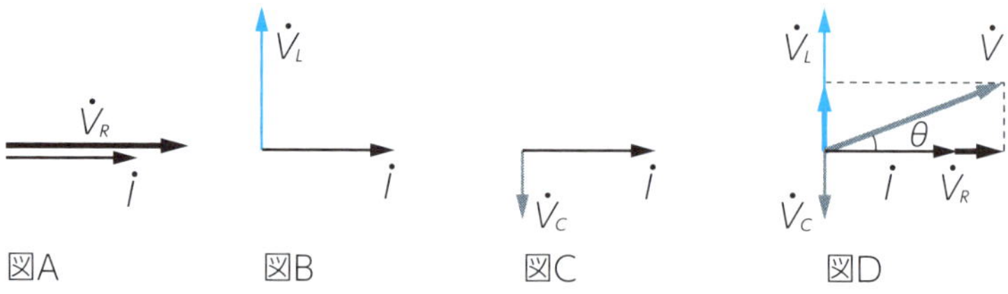

図A　図B　図C　図D

また，図Dからわかるように，ベクトル$\dot{V}_L$と$\dot{V}_C$は向きが反対のベクトルなので，$\dot{V}_L$と$\dot{V}_C$を合わせた電圧の大きさは，V_L-V_Cとなります。電圧$\dot{V}$の大きさV[V] は161ページの上の図のように直角三角形の斜辺の長さになるため，三平方の定理を使って次のように計算できます。

7-7 解答　❶ $\dfrac{\pi}{2}$　❷ 遅れ　❸ $\dfrac{\pi}{2}$　❹ 進む

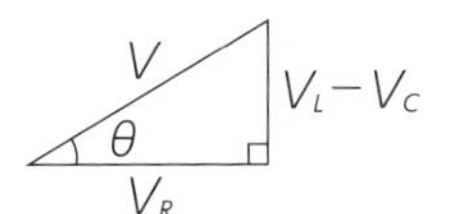

電圧 $\dot{V}$ の大きさ $V=\sqrt{V_R^2+(V_L-V_C)^2}$ [V]

斜辺 $=\sqrt{底辺^2+高さ^2}$

■電圧 $\dot{V}$ の位相差 θ

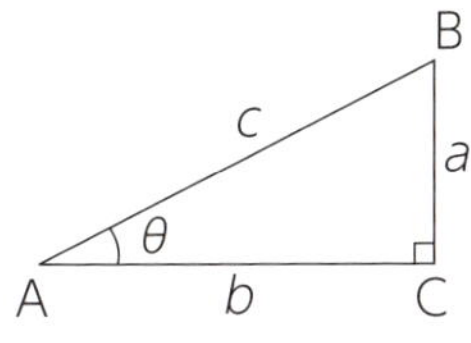

図のような直角三角形ABCにおいて，辺BC，AC，ABの長さをそれぞれ a，b，c とするとき $\tan\theta$ の値は次のようになります。

$$\tan\theta=\frac{a}{b}$$

直角をはさむ2辺

このとき，θ は次のように表すことができます。

$$\theta=\tan^{-1}\frac{a}{b}$$ （読み方：アークタンジェント）

このことから，電圧 $\dot{V}$ の位相差 θ は，次のように求めることができます。

$$位相差\theta=\tan^{-1}\frac{|V_L-V_C|}{V_R}\ [\mathrm{rad}]$$

上の図の直角三角形の高さ

上の図の直角三角形の底辺

問 図のような交流回路における全電圧 V[V] を求めなさい。

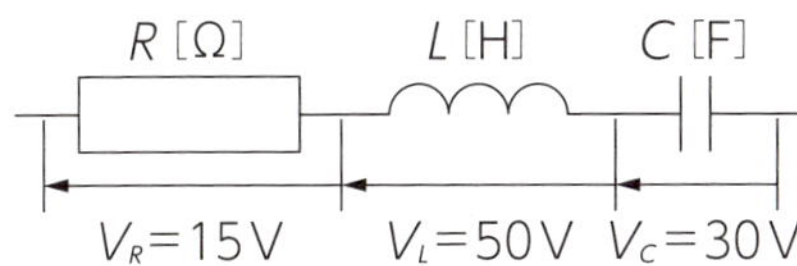

$$V=\sqrt{V_R^2+(V_L-V_C)^2}=\sqrt{\boxed{}_{1}^{\,2}+(50-30)^2}=\sqrt{\boxed{}_{1}^{\,2}+20^2}$$

$$=\sqrt{\boxed{}_{2}+400}=\sqrt{\boxed{}_{3}}=\sqrt{\boxed{}_{4}^{\,2}}=\boxed{}_{4}\ \mathrm{V}$$

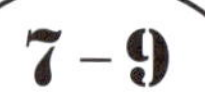

RLC並列回路

全電流$\dot{I}$

$\dot{I}=\dot{I}_R+\dot{I}_L+\dot{I}_C$（ベクトルの足し算）

全電流$\dot{I}$の大きさI

$I=\sqrt{I_R{}^2+(I_L-I_C)^2}$［A］

位相差θ

$\theta=\tan^{-1}\dfrac{|I_L-I_C|}{I_R}$［rad］

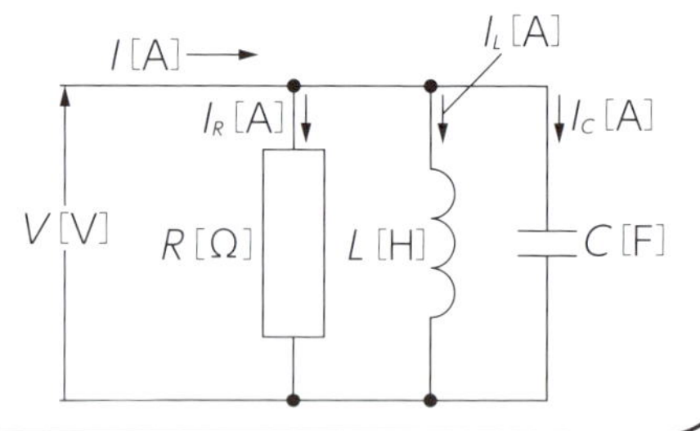

抵抗R［Ω］，コイルL［H］，コンデンサC［F］が並列に接続されている回路をRLC並列回路といいます。この回路における全電流の大きさIと位相角θをベクトルを使って求めます。ここでは，抵抗R［Ω］，コイルL［H］，コンデンサC［F］に加わる電圧は同じなので，ベクトル図は電圧$\dot{V}$を基準にして考えます。

■電流$\dot{I}$の大きさI

ルールの図より，次のことがいえます。

・$\dot{I}_R$と$\dot{V}$は同相（図A）　・$\dot{I}_L$は$\dot{V}$よりも$\dfrac{\pi}{2}$［rad］遅れる（図B）

・$\dot{I}_C$は$\dot{V}$よりも$\dfrac{\pi}{2}$［rad］進む（図C）

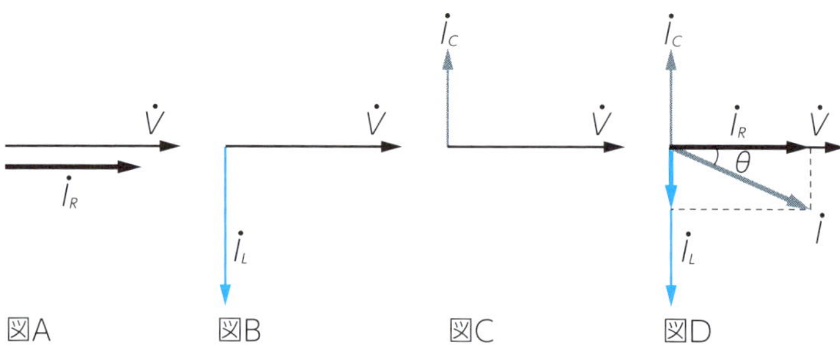

図A　図B　図C　図D

また，図Dからわかるように，ベクトル$\dot{I}_L$と$\dot{I}_C$は向きが反対のベクトルなので，電流$\dot{I}_L$と$\dot{I}_C$を合わせた電流の大きさはI_L-I_Cとなります。電流$\dot{I}$の大きさI［A］は163ページの上の図のように直角三角形の斜辺の長さになるため，三平方の定理を使って次のように計算できます。

7-8 解答　❶15　❷225　❸625　❹25

I_R
θ
$I_L - I_C$
I

電流 $\dot{I}$ の大きさ　$I=\sqrt{I_R{}^2+(I_L-I_C)^2}$ [A]

斜辺 $=\sqrt{底辺^2+高さ^2}$

■電流 $\dot{I}$ の位相差 θ

電流 $\dot{I}$ の位相差 θ は，次のように求めることができます。

$$位相差\quad \theta=\tan^{-1}\frac{|I_L-I_C|}{I_R}\ [\mathrm{rad}]$$

$|I_L-I_C|$：上の図の直角三角形の高さ

I_R：上の図の直角三角形の底辺

例 図のような交流回路において，$I_R=8$ A，$I_L=10$ A，$I_C=4$ A のとき，全電流 I [A] を求めます。

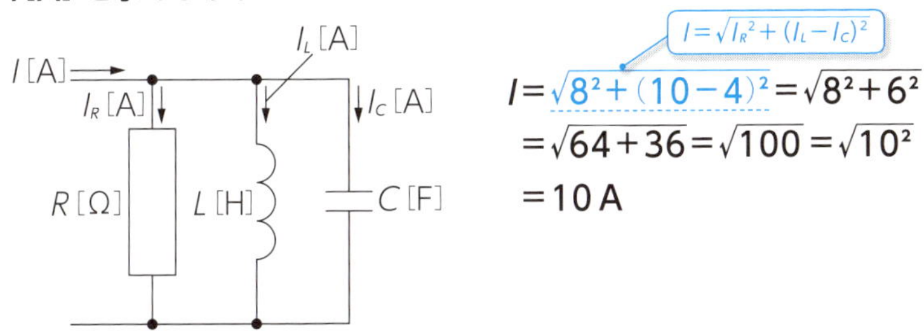

$$I=\sqrt{8^2+(10-4)^2}=\sqrt{8^2+6^2}$$
$$=\sqrt{64+36}=\sqrt{100}=\sqrt{10^2}$$
$$=10\ \mathrm{A}$$

問 上の図のような交流回路において，$I_R=12$ A，$I_L=20$ A，$I_C=4$ A のとき，全電流 I [A] を求めなさい。

$$I=\sqrt{I_R{}^2+(I_L-I_C)^2}=\sqrt{\boxed{1}^2+(20-4)^2}=\sqrt{\boxed{1}^2+16^2}$$

$$=\sqrt{\boxed{2}+256}=\sqrt{\boxed{3}}=\sqrt{\boxed{4}^2}=\boxed{4}\ \mathrm{A}$$

RLC直列回路のインピーダンス

RLC直列回路のインピーダンスZ[Ω]

$$=\frac{V}{I}=\sqrt{R^2+\left(\omega L-\frac{1}{\omega C}\right)^2}=\sqrt{R^2+(X_L-X_C)^2}\ [\Omega]$$

交流回路の電流の流れにくさをインピーダンスといいます。ここでは，RLC直列回路のインピーダンスZ[Ω] を求めます。ルールの図のようなRLC直列回路の電圧V[V] は

$$V=\sqrt{V_R{}^2+(V_L-V_C)^2}\ [\text{V}]$$

となります。この式に

$$V_R=RI\ [\text{V}],\ V_L=\omega LI\ [\text{V}],\ V_C=\frac{1}{\omega C}I\ [\text{V}]$$

（$V_R=RI$：オームの法則，$V=R\times I$）
（$V_L=\omega LI$：$V=X_L\times I$（156ページ参照），$X_L=\omega L$（154ページ参照））
（V_C：$V=X_C\times I$（156ページ参照），$X_C=\frac{1}{\omega C}$（154ページ参照））

を代入します。

$$V=\sqrt{V_R{}^2+(V_L-V_C)^2}=\sqrt{(RI)^2+\left(\omega LI-\frac{1}{\omega C}I\right)^2}$$

$$=\sqrt{R^2I^2+\left\{\left(\omega L-\frac{1}{\omega C}\right)I\right\}^2}=\sqrt{R^2I^2+\left(\omega L-\frac{1}{\omega C}\right)^2I^2}$$

（共通因数Iでくくる）

$$=\sqrt{\left\{R^2+\left(\omega L-\frac{1}{\omega C}\right)^2\right\}I^2}=\sqrt{R^2+\left(\omega L-\frac{1}{\omega C}\right)^2}\times\sqrt{I^2}$$

（共通因数I^2でくくる）

$$=\sqrt{R^2+\left(\omega L-\frac{1}{\omega C}\right)^2}\times I$$

（根号をはずして外に出す）

ここで，両辺をIで割り算した値をインピーダンスZ[Ω] といいます。

7-9解答 ❶12 ❷144 ❸400 ❹20

$$Z=\frac{V}{I}=\sqrt{R^2+\left(\omega L-\frac{1}{\omega C}\right)^2}\,[\Omega]$$

また，$X_L=\omega L\,[\Omega]$，$X_C=\frac{1}{\omega C}\,[\Omega]$ を代入するとインピーダンス $Z\,[\Omega]$ は，次のようになります。

$$Z=\sqrt{R^2+\left(\omega L-\frac{1}{\omega C}\right)^2}=\sqrt{R^2+(X_L-X_C)^2}\,[\Omega]$$

例 図のような交流回路において，30Ωの抵抗と60Ωの誘導性リアクタンス，20Ωの容量性リアクタンスを直列に接続した回路のインピーダンスを求めます。

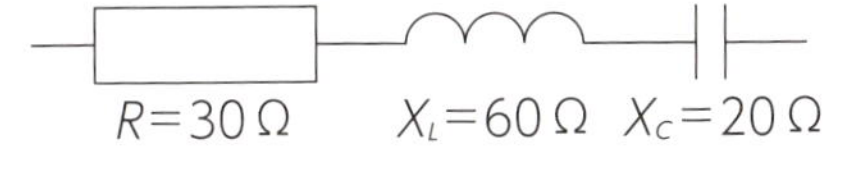

$$Z=\sqrt{30^2+(60-20)^2}=\sqrt{30^2+40^2}=\sqrt{900+1600}=\sqrt{2500}=\sqrt{50^2}$$
$$=50\,\Omega$$

$Z=\sqrt{R^2+(X_L-X_C)^2}$

問 15Ωの抵抗と40Ωの誘導性リアクタンス，20Ωの容量性リアクタンスを直列に接続した回路のインピーダンスを求めなさい。

$$Z=\sqrt{R^2+(X_L-X_C)^2}=\sqrt{\boxed{\ 1\ }^2+(40-20)^2}=\sqrt{\boxed{\ 1\ }^2+20^2}$$
$$=\sqrt{\boxed{\ 2\ }+400}=\sqrt{\boxed{\ 3\ }}=\sqrt{\boxed{\ 4\ }^2}=\boxed{\ 4\ }\,\Omega$$

抵抗 $R\,[\Omega]$ とコイル $L\,[\mathrm{H}]$ の回路のインピーダンス $Z\,[\Omega]$ を求めるときは，コンデンサ $C\,[\mathrm{F}]$ がないため，容量性リアクタンス $X_C=0$ とすれば求めることができます。

$$Z=\sqrt{R^2+(X_L-X_C)^2}=\sqrt{R^2+(X_L-0)^2}=\sqrt{R^2+X_L^2}$$

また，抵抗 $R\,[\Omega]$ とコンデンサ $C\,[\mathrm{F}]$ の回路のインピーダンス $Z\,[\Omega]$ を求めるときは，コイル $L\,[\mathrm{H}]$ がないため，誘導性リアクタンス $X_L=0$ とすれば求めることができます。

$$Z=\sqrt{R^2+(X_L-X_C)^2}=\sqrt{R^2+(0-X_C)^2}=\sqrt{R^2+X_C^2}$$

• COLUMN •

力の合成と分解

交流電流や交流電圧は，ベクトルで表すことができます。ベクトルやベクトルの計算は，慣れないと難しいと思うかもしれません。

イメージしやすい例の１つに力の合成があります。

力はベクトルで表すことができます。

図Ａは２つの力をそれぞれベクトル$\vec{F}_1$[N] と$\vec{F}_2$[N] で表しています。このとき，$\vec{F}_1$[N] と$\vec{F}_2$[N] を合成した力$\vec{F}$[N] は，図Ｂのようになります。

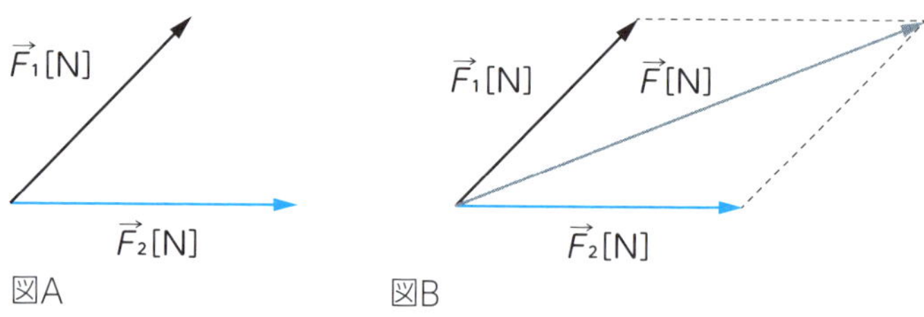

図A　　図B

一方，ベクトル$\vec{F}$[N] はベクトル$\vec{F}_1$[N] と$\vec{F}_2$[N] に分けることができます。これをベクトルの分解といいます。

ベクトル$\vec{F}$[N] はベクトル$\vec{F}_1$[N] と$\vec{F}_2$[N] に分解することができますが，図Ｃのようにベクトル$\vec{F}_3$[N] と$\vec{F}_4$[N] のように分解することもできます。このようにベクトルの分解は１通りではありません。

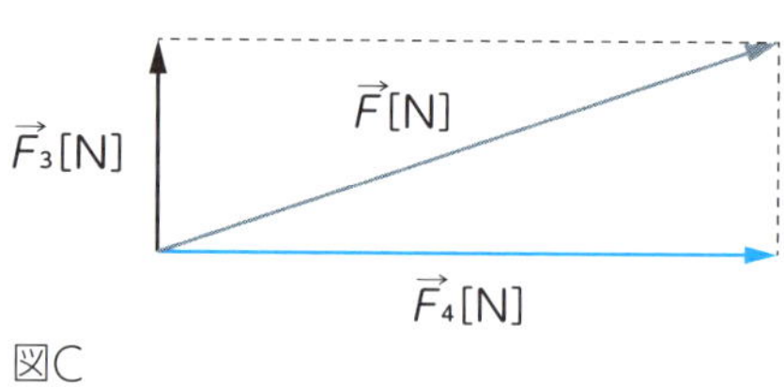

図C

7-10 解答　❶15　❷225　❸625　❹25

おわりに

電気を勉強するときには，電気で使う数学（電気数学）を理解する必要があります。

本書は，今まで数学をあまり勉強してこなかった人や忘れてしまった人を対象に“小学校で勉強する算数から，交流を理解するために必要な数学”までについて書いたものです。

しかし，電気で使う数学はこれで終わるわけではありません。電気を勉強するためには，さらに必要になる数学がたくさんあります。

電気の勉強には直流回路，交流回路，電磁気などがあります。このような勉強をするためには，線形代数（行列，行列式，連立１次方程式など），複素数，微分・積分（逆関数・合成関数・三角関数・指数関数・対数関数の微分積分，テイラー展開など），微分方程式（変数分離形，１階線形微分方程式，２階線形微分方程式），ラプラス変換，フーリエ変換，ベクトル解析（勾配，回転，発散，線積分，面積分など）の数学の知識が必要になります。

さて，交流回路を勉強するときには記号法による計算が必要になります。これは，複素数を用いて計算をする方法ですが，複素数の計算には足し算・引き算・掛け算・割り算があります。

本書の読者の中の多くの人が複素数の計算については知らないと思いますが，単項式や多項式の文字式の計算がわかれば想像がつくところもたくさんあります。

また，下はインダクタンスL［H］の回路の電圧を記号法で表した式です。

電圧 $\dot{V}=j\omega L\dot{I}=jX_L\dot{I}$［V］

もちろん意味はわからないと思いますが，電気やベクトルの知識があれば$\dot{V}$，$\dot{I}$，ωL，X_Lが何を表すかはわかると思います。

このように，本書で扱った電気数学の基礎をきちんと理解していることが，次のステップへ上がるためには必要になるのです。

本書をきっかけにさらに電気数学を勉強して，電気の知識を増やしていただければと思います。

索　引

記号・数字・アルファベット

あ行

か行

さ行

た行

な行

は行

ま行

や行

ら行

わ行

会員特典データのご案内

本書では，紙面の都合上，書籍本体の中では紹介しきれなかった演習問題を，追加コンテンツとしてPDF形式で提供しています。

会員特典データは，以下のサイトからダウンロードできます。

●入手方法

①以下のWebサイトにアクセスしてください。

https://www.shoeisha.co.jp/book/present/9784798159904

②画面に従って，必要事項を入力してください。無料の会員登録が必要です。

③表示されるリンクをクリックし，ダウンロードしてください。

注意

※会員特典データのダウンロードには，SHOEISHA iD（翔泳社が運営する無料の会員制度）への会員登録が必要です。詳しくは，Webサイトをご覧ください。

※会員特典データに関する権利は著者および株式会社翔泳社が所有しています。許可なく配布したり，Webサイトに転載することはできません。

※会員特典データの提供は予告なく終了することがあります。あらかじめご了承ください。

●免責事項

※会員特典データの記載内容は，本書執筆時点の法令等に基づいています。

※会員特典データの提供にあたっては正確な記述につとめましたが，著者や出版社などのいずれも，その内容に対してなんらかの保証をするものではなく，内容やサンプルに基づくいかなる運用結果に関してもいっさいの責任を負いません。

●著者プロフィール

平出 治久（ひらいで はるひさ）

1962年東京生まれ。東京電機大学工学部電気通信工学科卒業。都立石神井ろう学校，都立練馬工業高校，都立杉並工業高校を経て，現在都立北豊島工業高校主任教諭。

工業高校では電気・情報関係の授業を担当。電気・情報の学習では，公式に頼り意味をあまり重視しない生徒が多いことから，数学的な意味をいかに理解させるかに力を入れている。電気・情報に必要になる算数から高校数学までをできるだけわかりやすく説明することに取り組んでいる。

主な著書：『到達度評価・成績処理エクセルサンプルシートデータ集』（ラピュータ），『成績評価・学級経営で使うエクセル関数・計算式事典』（ラピュータ），『割合・比・比例・反比例の勉強』（パワー社），『もう一度思い出す算数の勉強』（パワー社），『文章題の解き方・考え方』（パワー社）。

装丁・本文デザイン　303デザイン事務所
編集・DTP　美研プリンティング

算数からはじめる入門電気数学

2019年6月17日　初版第1刷発行
2025年2月15日　初版第4刷発行

著　者　平出 治久（ひらいで はるひさ）
発行人　佐々木 幹夫
発行所　株式会社 翔泳社（https://www.shoeisha.co.jp）
印　刷　昭和情報プロセス株式会社
製　本　株式会社 国宝社

＊本書へのお問い合わせについては，2ページに記載の内容をお読みください。

＊落丁・乱丁はお取り替えいたします。03-5362-3705 までご連絡ください。

ISBN978-4-7981-5990-4　Printed in Japan